100种
活法

如何做自己

［德］弗里德里希·威廉·尼采 - 著　李东旭 - 编译

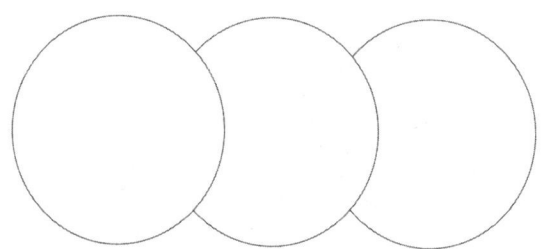

内 容 提 要

本书以人生的活法为主旨,从自我、人性、生命、思想、爱情、行动、超越等角度,讲述了人在生命历程中所遇到的各种问题,并给出了睿智、精彩的解答,使当下处于困惑、迷茫的大众能够认清自己、超越自己,最终成就自己,对于激发年轻人奋进成长,实现个人崛起有积极意义。

图书在版编目（CIP）数据

100种活法：如何做自己 /（德）弗里德里希·威廉·尼采著；李东旭编译. -- 北京：中国水利水电出版社，2020.12（2021.4重印）
 ISBN 978-7-5170-9335-0

Ⅰ. ①1… Ⅱ. ①弗… ②李… Ⅲ. ①成功心理—通俗读物 Ⅳ. ①B848.4-49

中国版本图书馆CIP数据核字（2020）第270065号

书　　名	**100种活法：如何做自己** 100 ZHONG HUOFA: RUHE ZUO ZIJI
作　　者	［德］弗里德里希·威廉·尼采 著　李东旭 编译
出版发行	中国水利水电出版社 （北京市海淀区玉渊潭南路1号D座　100038） 网址：www.waterpub.com.cn E-mail: sales@waterpub.com.cn 电话：（010）68367658（营销中心）
经　　售	北京科水图书销售中心（零售） 电话：（010）88383994、63202643、68545874 全国各地新华书店和相关出版物销售网点
排　　版	北京水利万物传媒有限公司
印　　刷	唐山楠萍印务有限公司
规　　格	146mm×210mm　32开本　8印张　130千字
版　　次	2020年12月第1版　2021年4月第2次印刷
定　　价	45.00元

凡购买我社图书，如有缺页、倒页、脱页的，本社发行部负责调换
版权所有·侵权必究

前言

胡适曾经说:"凡研究人生切要的问题,从根本上着想,要寻一个根本的解决:这种学问叫做哲学。"李泽厚说:"让哲学主题回到世间人际的情感中来吧,让哲学形式回到日常生活中来吧。"这也是出版本套"答案之书"的根本出发点,让哲学来解决人生的切要问题,让哲学家给我们日常生活提供答案,让哲学的认知和思维解决我们日常生活中的困惑。

哲学是关于世界观的学问。当人们拥有了正确的、科学的世界观,就掌握了生活的智慧。获得"智慧"的人也就获得了直接的人生答案,他们无论从任何角度,都能够很好地应对生活中的问题,从而把生活引向更好、更幸福的彼岸。

"答案之书"系列之所以选取叔本华、尼采、帕斯卡三位比较有代表性的西方哲学大师,是因为这三位哲学家的学说有针对性地回答了我们对生活的一系列追问。

首先，人活着的终极追求是什么？

幸福是人生的根本追求。叔本华对幸福本源的探索，回答了幸福的真相是什么，幸福源自哪里，以及我们如何才能幸福地过一生。

其次，一个人应该如何面对自己和生活？

尼采就是一个真实做自己的人，他的理论无论是"我是太阳"还是"酒神与日神论"，都在帮助人们发现自己，成为自己，即一个人怎样生活，怎样面对周围的世界，如何活成自己最本真的样子。

最后，是什么决定了人对事物的判断和处世方法？

思维是认知事物的根本，一个人的思维方式决定了他对这个世界的看法和处理问题的角度。优秀的思维方式是一个人无比优越的财富。帕斯卡是一个很伟大的人，他在多个领域建树卓著，他设计并制作了一台能自动进位的加减法计算装置，被认为是世界上第一台数字计算器，我们根据"帕斯卡定律"测算压力，压强单位帕斯卡（简称帕）即以他的名字命名。他的思维方式对世人影响深远。

本系列丛书立足普通大众读者，轻松的又包含人生哲理的短章，恰恰特别符合当下读者碎片化阅读的需要。本系列丛书节选三位哲学大家的思想精粹，直面当下众多人的人生困扰，简明地给予答案。书名《100种幸福：生活的答案》《100种活法：如何做自己》《100种思维：力量的来源》直白地表明每本书的主题，便于读者直观地看到每本书的内涵，有目的地带着问题去阅读。

  本系列丛书在内容编排方面，以每位哲人的全集原典为底本，精选符合本书主题的内容，撷取精要，分章节编排。每本书体系不大，排版疏朗，读者可以用轻松的心情来品读，一词一句，豁然开朗。

  书名中的"100"在此处非实指，实际上每本书给读者的答案和方法远不止一百种。万变不离其宗，从一看到二、三、一百、一万，这用中国一个汉字表达，即"道"。本系列丛书想要展现给读者的，正是哲学家关于生活的"道"。希望本系列丛书，能让读者以哲学的思维重新认识自己、认识世界，解决日常生活的烦恼和困惑，拥有更美好的人生。

目 录

CONTENTS

Part 1. 001 — 036

从了解自己开始

绝不可自欺，也不要糊弄自己。要永远诚实待己，清楚自己到底为何种人，到底有着什么样的癖好，拥有什么样的想法，会做出何种类型的反应。

Part 2. 037 — 074

人性是复杂的，不要轻言善恶

我们可以从笑声的深度发现一个人的天性。不过我们无须畏惧笑容。我们的本性也可以借助其他方式表达。当人性发生变化时，笑的方法当然会随之而改变。

Part 3 075 — 112

每一个不曾起舞的日子,都是对生命的辜负

人终有一死,所以更要活得快乐。面对迟早会到达的人生终点,更要努力向前。正是因为时间有限,因此更要把握当下的机会。将那些叹息与呻吟,全都给歌剧演员吧!

Part 4 113 — 144

对待生命,你不妨大胆冒险一点

诸多的条条框框将世间众生束缚住,要求他们的行为举止一定要遵照特定的模式。倘若你当真打算自己生活,那就理应跳出世间这些统一的思维模式。

Part 5 145 — 180

心中充满爱时,刹那即为永恒

爱是喜欢与自己截然不同之人,喜欢对方的真实状况。就算对方的感受和自己的截然不同,也能喜欢对方的那份感性。

181 — 210

做你想做的事，勇往直前地行动

在实际做事的时候，没有必要过分在意常识和规范。
我们应该毫无迟疑地、认真地做自己想做的事情，
而将那些阻碍、无用的东西统统抛掉。

Part 7. 211 — 244

多数人贪图安逸，少数人超越自己

倘若可以蓬勃地生活，那么你生命的意义就会闪烁出光芒。倘若消沉地活着，就算是在盛夏的正午，你的世界也会暗淡无光。

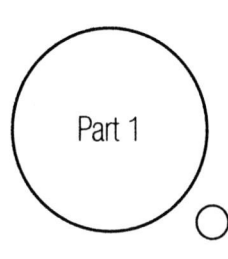

Part 1

从了解自己开始

绝不可自欺,也不要糊弄自己。要永远诚实待己,清楚自己到底为何种人,到底有着什么样的癖好,拥有什么样的想法,会做出何种类型的反应。

一切要从了解自己开始

绝不可自欺,也不要糊弄自己。要永远诚实待己,清楚自己到底为何种人,到底有着什么样的癖好,拥有什么样的想法,会做出何种类型的反应。

倘若你无法了解自己,就不可能感知爱。因此,了解自己是爱和被爱的首要条件。一个连自己都不清楚的人,又何谈了解别人呢。

——《曙光》

一个人的跋涉

要勇往直前！你历经艰苦来到此地，万万不可经常回望从前，继续前行吧。

请保持勇气和无惧之心，就算你身后一位追随者都没有，也没有一个知心朋友，仅剩你孤独一人。

只有你一人来到此地，不过此地并非目的地，只不过是中转站罢了。请不停地前行吧，就算目的地是人迹未至之地。

因为渺无人烟的沙漠还不曾看到尽头。

——《曙光》

自己的方式

现在请按自己的方式活着,即便是此后的每一个瞬间均要以此方式活着,即便永远按此方式生活也甘之如饴。

——《神圣的成长》

完善自己

万勿轻视你那得自上天的能力。请相信自己,要借助学习不断完善自己。只有真正有思想的人,方是内心强大之人,方能无畏无惧。

——《权力意志》

尊敬自己，方能拥有改变的力量

切勿妄自菲薄，否则会将自己的思想和行为束缚住。

让尊敬自己成为一切的开端，哪怕自己一事无成、毫无成就，也要尊敬自己。

倘若懂得自尊自敬，就不会为非作歹，就不会做出招人轻视之举。

倘若想离自己的理想更近，倘若想成为他人学习的榜样，那就改变生活方式。

可以大幅度地提升自己的潜力，以获得达成目标的力量。尊敬自己是让生活过得更精彩的唯一方式。

——《权力意志》

不要太在意自己的名声

尘世之人均对他人对自己的评价相当好奇，均希望自己给他人留下美好的印象，并以此证明自己相当伟大，证明自己被人看重。实际上无须在意他人的评价，须知那可谓百害而无一利。

何以如此说呢？这是由于人总是会做出错误的评价，因此想从他人口中得到让人满意的答案并不容易，那么失望就成了很自然的事。为了不让自己长久郁闷，千万不要过分在意自己的名声，更不要过分在意他人对你的评价。不然你就会心甘情愿地接受"部长""社长""老师"这些头衔，压根不清楚自己已经成了他人的眼中钉、肉中刺。

——《人性的，太人性的》

万勿在疲惫不堪时自我反省

或许你习惯于在工作结束后进行自我反省，或许你习惯于在一天结束时回顾反思。如此一来，你就会发现自己的缺点，为自己的无能而生气，对他人感到憎恨，并因此心情愈发郁闷。

为什么会出现这样的情况呢？这是由于你并非在冷静地自我反省，只是身心过于疲累而已。

倘若一个人在身心疲累时反省，仅会让自己陷于郁闷之中。因此不要在疲累时反省回顾，更不该写日记。

当你对某件事比较热衷，或是心情愉快时，是无法进行反省的。这是由于当你认为自己无用或对他人充满憎恨时，表示你已处于疲累的状态，此时理应好好休息。

——《曙光》

为自己设立需超越自我的目标

你会将个人目标锁定在何处呢?

你会在设定自己的目标时参考他人的目标吗?你会将目标锁定于只要稍微努力即可达到之处,还是为自己描绘一个充满幻想的目标?

不管是怎样的目标,你都应该将其设定在需要超越自我才能实现的位置,虽然这样做的结果是与曾经的朋友联系得越来越少。

——《神圣的成长》

学会自我表达

对于自己坚信的价值观或主张，理应将其用言语明确地表达出来。

要向大家清楚明白地介绍自己的信条、意向或意志。

这是因为此点对于那些胆小、懦弱、察言观色、无能、模仿他人、态度不明确、无法把握自己的人而言是做不到的。

——《神圣的成长》

在缺点中成长

每个人均存在各种各样的缺点。相当多的人均对自己的缺点不满,因此会故意回避它,而且也不想让他人看清自己这些缺点。

然而,事实上,我们正是在这些缺点中成长。

为何如此说呢?这是由于我们正是依靠这些缺点,方能清楚自己改进的方向,方能清楚自己的优点和特长。

——《神圣的成长》

保持自己的心

恐惧是世间四分之三的恶业的源头。

因为恐惧,你会苦恼于曾经发生过的事,你会害怕未来将发生的事。

但恐惧并非洪水猛兽,其扎根、深藏之地就是你的内心。是否将这根毒刺拔出,最终都取决于你——因为只有你才能控制自己的心。

——《曙光》

控制自己的情绪

学会自控是获得真正自由的方法。

倘若一个人的情绪一直处于失控状态,那这个人就会失去自由,永远是情感的奴隶。

因此善于控制自己情绪的人才是那些精神自由、可以独立思考的人。

——《善恶的彼岸》

要先学会爱自己

《圣经》中说,我们理应爱身边的人。

不过,倘若我们无法爱自己,又如何去爱他人呢?

就算是仅爱自己一点点,也比不爱好,因此不妨坚定地自爱。

总之,人务必要先学会爱自己。

——《查拉图斯特拉如是说》

最好的自我调节之法是睡眠

当你陷于情绪低潮,厌恶一切事情,做任何事情都没精神时,应该如何振作精神呢?是参与赌博,是从事宗教活动,是接受当下流行的芳香疗法,抑或是吃维生素片、外出旅行或喝酒?

相比饱餐一顿后,好好地睡一觉,且比平时睡得更久一点,以上那些方法都是无效的。

当你醒来时,就会发现自己已经改头换面,充满活力。

——《漂泊者及其影子》

三种自我表现的方法

自我表现即将自己的力量展现出来,其方式大略分为以下三种:

赠送。

讽刺。

破坏。

将爱与怜惜赠送给对方,这是一种展现个人力量的方式;对他人进行诋毁、欺辱和迫害,这是将自我能力展现出来的一种方式。你会选择哪种方式呢?

——《曙光》

发现个人所长是人生最重要的事

人人均有一技之长,且是独一无二的专长。

有些人可以较早地发现自己所长,并将其所长加以活用,进而成就个人事业;有些人则终其一生也无法弄清楚自己到底具备怎样的本领。

有些人凭着个人力量,发现自己所长;有些人则借助于观察社会趋势,不断摸索个人所长。

总而言之,若具备坚强的意志,敢于挑战,最终必定会发现自己的专长。

——《人性的,太人性的》

我们的自我迷失于群体之中

　　人人均认为自己是可以独立思考、判断的个体。人人均认为自己有属于自己的思考方式,而他人具有他人的思考和判断之法。

　　不过,倘若我们置身于人群之中,或者加入一个庞大的组织,那么我们就会在某一天发现自己的理解能力和判断能力均消失殆尽了。随之而来的就是我们的思想已经彻底被这个集团的思考和判断方式所改造。

——《神圣的成长》

努力自爱

倘若你发现自己出现了以下状况：打算与尽可能多的人维持友谊，急于和刚结识的人成为朋友，孤独一人时感觉不安，这些都说明你正处于一种危险状态。

试想，你的行为均表明你希望从他人身上获得更多的安全感，打算从他人身上找到关于真正的自我的答案，这说明你之所以在内心深处产生孤独感和不自信，归根结底是由于你无法做到自爱，你不希望和自己为伍。

实际上，狂欢不过是一群人的寂寞，于你而言，再多的"速食朋友"也无法缓解内心的孤独。因此，你唯一可做的就是努力让自己爱上自己。

这件事一定要靠个人努力，要让自己埋头于热爱的某件事之中，要靠个人的力量全身心地打拼，朝着自己的目标前进。如此一来，你才能让心脏成为你全身最强健的肌肉。

——《查拉图斯特拉如是说》

不要与寄生虫共处

一些人沉迷于木乃伊，一些人沉迷于鬼魂，他们均对血和肉充满敌意——而我则有着与众不同的喜好，因为我爱血。

我不喜欢居住于恶心的、令人唾弃之人中间——这也是我的爱好。我宁愿和小偷、伪证者生活在一起，有人嘴里含着金子吗？

在我看来，最令人厌恶的是舐人口水的人，我将其称为寄生虫，因为他们以爱为生却不希望爱。

那么唯一的选择就是成为兽，而非驯兽之人。多么不幸，我一定不会与之共处。

——《查拉图斯特拉如是说》

允许自己慢慢成长

那些始终处于等待之中的人,并不适合我,这些人就是税吏、商人、地主和国王。

我理所当然地学会了等待,专注地等待。我等待的对象是自己,我等待自己学会站立、行走、奔跑、跳跃、攀爬与舞蹈。

以下是我的告诫:想飞就一定要先学会站立、行走、奔跑、跳跃、攀爬与舞蹈——须知,没人可以一口吃成个胖子。

于我而言,学会用绳梯越窗,爬上高高的桅杆,在知识的桅杆憩息,是极大的幸福。

那在桅杆上晃动着的小火,虽然仅有一点点微光,但它于遇难的水手、沉船者而言,却代表了希望!

——《查拉图斯特拉如是说》

随时准备飞去远方

我借众人之口发言：矜持者奇怪于我说话的粗俗直率。

我借疯子之手舞动：将一切可以涂抹之处均涂抹上色彩，于是桌子、墙壁等变得相当不幸。

我用鹰之胃来吃饭：理由是它的最爱是羔羊的肉，因此是鸟类的胃。

于身体而言，简单、节制的食物最好，我随时打算飞去远方——这是我的天性。

我具备鸟的气质。

特别是对严肃精神的敌视——真正的极端仇视，天生的敌意，水火不容！我的敌视无处不在！

——《查拉图斯特拉如是说》

你首先要爱自己

我愿因此高歌一曲,尽管我孤身一人处于空荡荡的房间,不过我仍为自己唱歌。

当然,和我不同的是,其他人要想唱得好,需要房子里挤满人。

可以教人飞翔的人必定会将一切地标转移。因为在他看来,任何标志均会飞走,他会将大地重新命名为"轻盈之身"。

与马相比,鸵鸟跑得更快,不过它最终还会将头扎进土地深处——人类也是这样。

于人而言,大地和生命相当沉重,倘若想变得身轻如燕,你首先要爱自己。

——《查拉图斯特拉如是说》

和自己安然相处

千万不要用患病的、意识不清的爱来爱自己,学会爱自己是一个人首要的任务,要用健康和正常的爱来爱自己。如此一来,一个人才能和自己安然相处,而非飘荡在外面。

那种自称为"友善"的人,他们的话是最好的谎言和欺骗,这些人始终是人类沉重的负担。

——《查拉图斯特拉如是说》

人人均可以选择自己的路

我为了实现个人真理而采用不同的方式,让自己不在一个阶梯的高处眺望远方。

我宁愿询问道路,宁愿亲自尝试,而不愿询问他人。

我喜欢的是尝试和质询。

这绝对是我个人的喜好,谈不上好坏,我并不会因为害羞而刻意隐瞒。

"这就是我的路,你的路呢?"我对于那些向我问"路"的人给出这样的回答,因为人人均可以选择自己的路!

——《查拉图斯特拉如是说》

我心安处即安居之所

你是否会到相当多的国家旅行,为的是寻找适合自己生活的国度?你是否会走遍世界各地,只为寻找适合自己的安居之处?

实际上根本无须如此大费周章,你要做的仅仅是让自己感到安稳,那就是最适合自己的地方。不管是身处喧嚣的城市,还是置身于僻静的荒野,倘若可以强烈地感受到一股安稳的力量,那就是安居之所。

——《曙光》

人生最大的财富是自己

纵然面对相同的事情,有人可以从中汲取很多东西,有人却仅能汲取一两件罢了,人们总认为其中的问题就在于能力的差别。

实际上,汲取的目标是自身,而不是事情。在这件事情的触发之下,只要找到与自身相对应的东西就好。

换言之,与其大费周章地去寻找丰富的资源,不如努力充实自己。这就是提升自我实力、丰富人生的良方。

——《快乐的知识》

将心中的猛兽释放

为什么无精打采？难道是感到疲劳了？倘若如此，不妨休息一下。将你的大脑放空，休息一下吧。

然后，让你的身体动起来。随心所欲地放松自己吧。将双眼闭上，听从内心的召唤，用你的肌肤去触碰，用你的身体去感受风、水和阳光，感受夜晚的冷寂和花草的芳香，尽情地吃吧，尽情地喝吧，尽情地叫喊吧，让你的肌肉全都运动起来。

释放出埋藏于内心的猛兽。于是你会因为将心中的猛兽释放出来而恢复精力，获得新的能量。

——《偶像的黄昏》

你处于人生的巅峰状态吗

你处于人生的巅峰状态吗?

或者说,你发自内心地希望那一时刻到来吗?

那种只有处于山巅才可以描述出来的感受。那种只有处于高耸入云、无法看到顶峰的山巅才能描述出来的感受。那种只有处于由白雪、雄鹰和死寂构成的山巅才能描述的感受。

——《神圣的成长》

追求自我的道路

你愿意离群索居吗？你打算追求自我吗？先驻足听我讲述吧。"离群索居之人极易迷失自我，因此不要和人群隔离。"人们说，"因为你原本就是其中的一员。"

你的脑子里充斥着他们的话，不过你仍旧在坚持"我不想与你的意志保持一致"，借此表达自己的不满和痛苦。

看吧，集体意识是这种痛苦的源头，你的痛苦中仍旧闪烁着光芒。你还打算心甘情愿地走这条充满磨难考验、追求自我的道路吗？那么请将你的力量和坚持展示出来吧！

——《查拉图斯特拉如是说》

克制是主宰个人行为的前提

　　千万不要自以为是。不要认为知道"自制心"这三个字就可以做到自制。须知,自制一定要付诸行动才行。

　　不妨要求自己每天克制一件小事。倘若无法做到,那根本无法谈自制。一个在小事上都不能自制之人,在大事上更不可能自制。

　　要想驾驭自己,就要学会自制,如此方能免受盘踞于内心的欲望的控制,也不会被欲望支配,进而真正做到主宰自己。

——《漂泊者及其影子》

清楚动机方能找到个人专属的方向

关键在于你根本不清楚自己的"动机",即你出于什么动机要做此事?你企图由此得到什么?你想成为那样的人的原因是什么?你努力向着那个方向发展的目的是什么?

你根本不曾对自己的动机深思,当然无法找到正确的方向。

清楚自己的"动机",就可以立刻清楚接下来的行动。

无需将时间浪费在模仿别人上,找到个人专属的方向,然后坚定地走下去即可。

——《偶像的黄昏》

看看真实的自我吧

我们都处于不同种类的事物的包装之中。

不对,应该说我们都认为自己拥有相当多的事物,而且均认为这就是真实的自我,实际上只是因为我们很难把真实的自我与这些事物分割开来。

——《人性的,太人性的》

事态发展的状况掌控于自己手中

我们常常要面对周遭的许多事情。而且,由于我们看待这些事情的方式,这些事情有了价值或色彩。

换言之,倘若我们将其往坏了想,事态就会朝着坏的方向发展。但是,如果想将变坏的事态变好就是一件相当困难的事情了。这都是由于我们在最初处理事情的时候将其往坏了想。

相反,倘若我们最初就将事情往好了想,或许自己在处理这些事的时候也会变得轻松起来。

——《曙光》

修剪自己的园艺师

花草树木和篱笆是园艺师修剪和整理的对象。

他们会将多余的树叶剪掉,在让花草可以得到更多阳光照耀的同时,让其成为自己想成为的样子。他们将过多的新枝摘掉,仅将那些必要的新芽保留。正是因为园艺师对其精心地照料和修剪,植物才得以健康茁壮地成长、开花,并于秋季为人们献上丰硕的果实。

我们也可以如同园艺师一样,按照个人喜好随心所欲地"修剪"自己。例如,我们可以用锋利的剪刀将自己火光般的愤怒、无节制的情感、贪婪的愿望、虚荣的内心剪掉,在不受任何人干扰的情况下,对自己的灵魂进行随心所欲的修剪。

——《曙光》

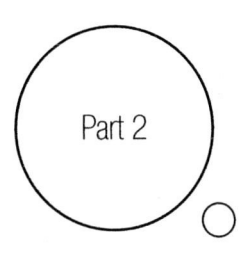

Part 2

人性是复杂的，不要轻言善恶

我们可以从笑声的深度发现一个人的天性。不过我们无须畏惧笑容。我们的本性也可以借助其他方式表达。当人性发生变化时，笑的方法当然会随之而改变。

人性的约定

言语背后的信任是约定的重点。例如平时的约定"明天五点见"就意味着二人之间关系的亲疏、彼此的信赖和相互间的顾忌。小小的约定包含着相当丰富的内容,简直可以将其称为人性的誓言了。

——《曙光》

女人的信念

必须承认,但丁会如此唱歌:女人仰望上天,我仰望女人。歌德会对此加以解释,称为"我们经常在永恒的女性带动下行动"。

任何一个品格高尚的女人均会对此类对女人的信念持反对意见,原因是女人只把永恒寄托于男人身上。

——《尼采文集》

不妨多想一想那些你信任的人

你的不安是源于什么事呢？或者说，你的不安是由于不清楚自己应该以何种态度面对人生吗？

此时，你不妨试着认真地想一想那些自己平时信任的人。

他们正是你心中相当重要的一部分，而你的人生态度与他们的人生态度理应最为接近。

——《神圣的成长》

一厢情愿的强者

我们因为自己的态度、措辞、行为而看上去如同一个强者。

不过，这或许仅仅是我们一厢情愿的看法吧。这或许是由于这种态度、措辞、行为代表的仅仅是冷酷。

——《神圣的成长》

狡猾者的本质

对于那些狡猾、卑怯、奸诈的人的本质,我们几乎极难理解和看透。我们正是由于无法理解他们,所以认定对方很复杂。

不过事实上,狡猾的人的本质其实很简单。这是因为不管何时他们总是想将个人利益放在最前面。

——《神圣的成长》

女人区别于男人之处

世间人一直认为,相比于男子,女人遇事时更为胆小。不过那仅仅是体格与行动带来的误会。实际上,就报复与恋爱而言,女子远比男子大胆野蛮。

——《善恶的彼岸》

小心狂躁之人

　　人们必须谨慎地面对一个猛烈狂躁之人，如同面对一个企图杀死我们的人。我们之所以还活着，是由于他没有杀害的力量；如果目光可以杀人，那我们早就死了。这是一种更残酷的文化，它将人们的恐惧之心借助体力强势唤起，并且让人们将恐惧深埋于内心。那种主人看待仆人的目光是如此冷酷，如此野蛮且古老。

——《尼采文集》

微笑是人性的表达

如何借助笑将你的人性展现出来?比如,你之所以笑,是因为嘲笑他人的失败,还是因为发现了有趣的事情,或者是因为机智?

我们可以从笑声的深度发现一个人的天性。

不过我们无须畏惧笑容。我们的本性也可以借助其他方式表达。当人性发生变化时,笑的方法当然会随之而改变。

——《漂泊者及其影子》

倘若始终信赖的朋友做了耻辱的事

如果你知道自己一直信赖的朋友做了耻辱之事,你会产生深深的痛苦感,这种痛苦程度比自己做了耻辱之事的痛苦程度更甚,是那么让人难以忍受。这是为什么呢?

或许是因为我们对朋友的那份信赖和同情,那是一种相当浓厚而纯粹的情感吧。因为其中不掺杂任何利己成分,只是纯粹对朋友的爱。或许正是由于这个原因,我们才会对朋友做的耻辱之事产生如此大的反应吧。也正是因为这个原因,我们对朋友的同情远超一般的痛苦。

——《人性的,太人性的》

警惕过分热情的款待

是否有人随时随地都对你充满热情？倘若有，你必定会相当高兴，那个愿意对你盛情相待的人也理应是一个相当好的人吧？

实际上，你因为这种热情款待而感到深深的不安。这样说的原因是什么呢？那是由于这种款待是消除一个人戒备心的最佳方法。

事实上，真正的朋友无须用如此夸张的款待方式，原因是他们无须借助此种方式来将你的戒备之心消除。

——《曙光》

成为富有爱心的强者

成为强者吧!

成为富有爱心的强者吧!

真正的强者,有勇气对对手的过错予以宽恕,甚至会将最真挚的赞美献给对手,只为了祝贺对方的胜利。

——《神圣的成长》

我最厌恶之人

不知如何宽恕对方之人,是我最厌恶之人。

——《神圣的成长》

远观方能发现事物的美好

有时我们一定要有更远阔的视野。

比如，当你与亲密的友人之间略微保持距离，然后思念起对方时，你会发现对方更多的美好之处。同理，倘若距离音乐再远一点，你也会感受到源自音乐的那份深深的爱。

像这样站在远处观察事物，你会发现所有事物的美好之处。

——《曙光》

知人善任之人不轻易否定他人

　　知人善任之人，极少对他人直接拒绝或予以否定。这是因为他们具有可以让被称为人才的田地更加丰饶的实力，还因为他们拥有绝佳的眼光和技能，清楚如何为之施肥。

——《漂泊者及其影子》

先爱后性的美好

受性欲支配的躯体相当危险。原因是性欲会由此成为维系二人关系的唯一纽带，而爱，这个真正的纽带却因此被忘却了。

爱会慢慢成长起来。不可以让性先于爱产生，最好让其慢慢发展，晚于爱的产生。

如此一来，双方的心就可以与身体共同感受到深深的爱意，因而身心均获得幸福。

——《善恶的彼岸》

学习爱自己的方式

实际上，无人想让我们学习爱自己的方式。这是所有艺术中最复杂、最深刻的一种。

拥有一切的人极其内敛，他们只有到最后才清楚自己的珍贵——这些均是严肃精神导致的。

当我们尚是婴儿的时候，就被铐上了相当多的镣铐：

"善"和"恶"，它自称是天赋。而我们的生存正是因为这些而得以被宽容。

所以，当我们有了孩子，倘若其无法适时爱自己，那么罪魁祸首就是严肃精神。

——《查拉图斯特拉如是说》

强大的女性

最近一个世纪（十八世纪）里最强大的母亲和最具影响力的女性是拿破仑的母亲。原因是她凭着自己的思想获得了相当多的利益且不断将男人超越。

那些经常获得他人的尊重或者使人敬畏的女人，往往具备神秘的、超出常人的欲望和美好的品德，这是一种极其天真的、灵巧的、优于男人天性的、更加自然的自私主义和放荡不羁。

——《尼采文集》

卓越之人无法被常人理解

　　卓越之人即拥有杰出才华之人。因为他们始终处于时代的前沿，因此其思考方法、处事方法及行为极难为普通人所理解。

　　一般说来，人们很难理解远超出自身能力范围的事情，更不要说去想象这样的事情。正是因为这一原因，于是在普通人看来，那些有高度的人就如同怪人一样，或者他们压根不会吸引普通人的眼球。

——《神圣的成长》

什么是奉献

仅仅做慈善或做些积德行善之事称不上奉献。

倘若人们每做一件事都要考虑周全且三思而后行,那就不应该称之为奉献。

——《人性的,太人性的》

忧伤的人会一直追逐快乐

那些远离工作与生活且整天沉浸于游玩之中的人,似乎是在乐此不疲地追逐享乐的生活,但实际上他们仅仅是些追求更多享乐、刺激、快感的堕落者。

这是由于他们不管做什么事情均无法体会到真正的快乐,也一点儿也不能感受到事物的趣味性,所以他们才一直在追寻着快乐。

事实上,此类人还不曾遇见或发现真正可以让自己快乐的事情。

——《人性的,太人性的》

女性的新自由

虽然女性获得了新的自由,并打算将"主权"和"发展"之类的口号印于女性的旗帜上。不过很显然,其结果仅仅是将女性这个群体的退化显示出来。

自法国大革命以来,欧洲女性的主权运动获得了极大胜利,不过与之相反,其影响力却日益降低。所以,尽管女性自己希望和要求妇女解放,不过最终的结果却是更多的女性特点和性质的解散。

——《尼采文集》

人类的私欲渗透到四面八方

一些妻子经常四处炫耀丈夫的地位，并将其作为个人资本，还有的女性把孩子们的学校、宠物狗、家中花园里美丽的树木、城市的美景当作个人优势。

政客和官僚则会摆出一副将时代掌控于手中的姿态。大多数人会将自己清楚的东西突出，并强调其具有的价值，认为只要自己知道，那东西就属于自己。

他们好像是在谈论事情与知识，事实上却是在炫耀个人极其强烈的占有欲。除此之外，人类还试图将过去和未来占有。

——《曙光》

具有独创性之人

具有独创性之人,并非指可以创造出相当多奇异装置之人,而是那些可以于老旧、普通到了极点、人们熟知的东西中,运用其独有的慧眼和极富创造性的大脑,发掘出不为普通人所知的新鲜一面之人。

——《人性的,太人性的》

什么是天才

什么样的人才能被称为拥有上天赐予的才能之人呢？是那种力大无穷之人，还是那种具有超自然能力之人？

不，都不是。此处的天才是指拥有一种独特的意志，或可以持之以恒地行动的人。总而言之，就是那种拥有相当强的意志并始终向着高处的目标前进的人。

——《人性的，太人性的》

会幸灾乐祸的人

他们之所以会幸灾乐祸，是因为他们不满于自身存在的相当多的不如意、痛苦以及不够充实之处，或者是由于在其内心深处隐藏着诸多不平与忧郁。所以当其得知他人的不幸后，那些平日积压于心中的嫉妒之火就会得到某种程度的平息。

而后，他们会用心将他人的诸多不幸和失败记住，并将其和自己的情况比较，如果自己的状况略好些，他们就会认为与他人相比，自己要更幸福一些。总而言之，他们就是那种平时一直向下看，不断发现他人的不幸、弱点的人。由于经常这样做，于是其悲喜观已经歪曲，所以不管他们身处何地，都会不停与他人进行比较。

——《人性的，太人性的》

能够共患难的人

两个无论境遇、身份、性格差别多么大的人,倘若共同吃过苦,他们就会成为具有相似点的同类人。

比如,他们一起攀越过高山,一起体验过疲惫和奄奄一息的感觉,或者一起尝过口渴难耐、大汗淋漓、痛苦难忍的滋味,再或者他们曾一起企盼一件事情,通过以上经历,这二人就会在无形中认定对方和自己是同类人。

——《人性的,太人性的》

毁灭年轻人的毒药

相比"与自己意见相左之人",对"与自己持相同观点之人"要给予更多的尊重,倘若一味地将此种思想灌输给年轻人,就会造成这些年轻人一事无成。

同理,倘若向年轻人灌输帮派观念、依赖观念、逢迎观念,并将之当作好的价值观,那么也会教育出一无是处的人来。

——《曙光》

倘若动物可以说话

一个可以说话的动物说道:

"哎呀,人类究竟发生了什么事呀?明明每天可以生活得简单又开心,为何要摆出一副痛苦的表情呢?究竟人性、道德观是什么东西呢?可以当饭吃吗?不对,不对,就算可以当饭吃也必定不是好吃的东西,否则的话,为什么一听到'人'这个词,其表情就那样痛苦呢。"

——《曙光》

弱者的伪装

那些被欺压、被蹂躏的受害者,他们内心对复仇充满了渴望,却狡猾又无能地低声说:"我们要做好人,不能和那些恶人一样!不要侵害,不能对任何人进行伤害,不去复仇也不去攻击,让上帝替我们报复吧,不要产生罪恶感,要小心地生活,好人就是像我们这样耐心、谦虚、富有正义的人。"

倘若你能理性地倾听,这段话的真正含义就是,"我们尽管弱小,不过只要我们不去做自己不能做的事情就好了"。不过甚至连昆虫都可以想到这样的主意:面对如此严酷的现实,用无能的伪造,自欺欺人地将自己包裹在闭塞的道德外衣下。其本性就是软弱,不过其行为却成了一种自愿选择的行为,是一个行动,也是一种优点。

——《论道德的谱系》

人类的本能

依我看，不管是从善还是从恶的观点来看，人人均有一个共同的特征：人人均一直故意，甚至尽力想将人类保存下来。这种特征并非源自对同类深切的爱，而是源自一种最根深蒂固、冷酷无情、无法征服的本能，即人类的深刻本质。

传统的价值观经常简单地把人分为好与坏、善与恶。不过倘若略加观察或者对其深入思考，就会发现这种划分方法并不科学。

就算是人们认定为十恶不赦的人，其内心深处也会产生关心、保护人类的想法（包括被视为榜样的人物），原因是他是其中的一员。

——《快乐的知识》

色欲

　　对修行者来说，他们蔑视肉体，认为色欲是让人心碎或焚烧的疼痛，不过也如同"这个世界"一样，受到遁世者的诅咒，原因是它经常对那些因犯错而步入歧途的导师进行嘲笑和捉弄。

　　于底层的普通群众而言，色欲是慢火。

　　于木头或脏抹布而言，它是常备的炉火。

——《查拉图斯特拉如是说》

色欲是自由人的花园

于自由人而言,色欲是一个满含天真和自由的幸福大花园,也是未来对当下的感谢。

——《查拉图斯特拉如是说》

人格掩饰与人格暴露

一般来说,在他人面前,我们的人格或者说作为人的本质不会轻易显露出来。为什么这么说呢?这是由于我们真实的人格被我们的工作、社会关系、头衔、立场、能力等,如同化装一样。

所以说,当我们失去了工作、才能、能力、地位这些可以用以掩饰的工具时,世人才可以完全看到我们真正的人格。

——《善恶的彼岸》

我们如何看待他人

你会选择让世界看到你的哪一面？或者说，你究竟属于哪一类人呢？

你是会更多地关注他人的卑贱、恶劣之处，敏感地察觉他人的软弱无能之处，进而自然地想到他人言行之下的意图，还是会更多地关注他人的高尚之处，从而对他人出色的一面发出大声的感叹，因而将他人的缺点忽略，进而发现他人可爱的一面？

——《善恶的彼岸》

请远离这类人

熟悉的人中，倘若有做事鲁莽之人，或者始终相当冷静、无动于衷之人，或者有着太多想法之人，或者从不抱怨之人，再或者相当精明之人，你或许并不认为这些人值得你对其加以称赞。

不过真正危险的人实际上是那些气量狭小之人。因为一旦与之发生矛盾或者产生纠纷，此类人极易走极端。他们不明白在还击之前要先将那些微小的错误行为、误解、矛盾消除，然后等待时机成熟。

而且此类人一旦产生憎恨之情就无法停止，充斥于其头脑里的均为怎样将对手歼灭的想法。因此，要格外小心此类人，尽可能远离他们。

——《曙光》

喜欢对深刻问题发表意见的人

有这样一种人,喜欢针对人的生存意义,或者国家的意义,再或者人民的生活等问题发表各种各样的言论。

那些热衷于板着脸对此类深刻的问题发表意见的人,经常都是一些无视法律约束或规章制度之人。因为他们的头脑里根本不存在这些普通市民平时要遵守的规章制度。

——《人性的,太人性的》

人际交往的厌烦

倘若总是吃零食,那么到了正餐之时就常常不会觉得饭好吃。人际交往也是同样的道理。倘若平时总是与太多的人进行交往,时间一长就会认为这是一件相当烦人的事情。此时,人们就会希望去一个无人之处独居一阵子。

在此之后,我们再与友人重逢,就会倍感亲切。

——《人性的,太人性的》

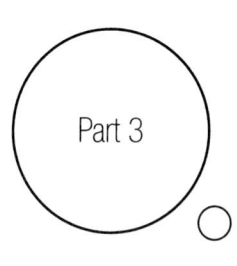

Part 3

每一个不曾起舞的日子，都是对生命的辜负

人终有一死，所以更要活得快乐。面对迟早会到达的人生终点，更要努力向前。正是因为时间有限，因此更要把握当下的机会。将那些叹息与呻吟，全都给歌剧演员吧！

请保持乐观

保持乐观是一个明智的选择。
心怀乐观地面对一切,
这是人生中最伟大的事。

——《漂泊者及其影子》

希望之光

倘若你不清楚何为光芒,何为炙热,就算希望降临,你也无法明白其可贵之处,你看不到,也听不见。

——《快乐的知识》

生存的根本

职业是生活的支柱,失去了这个支柱,人就无法生存。工作不但可以让我们远离罪恶、无聊,还可以为我们带来疲惫,让我们获得相应的报酬。

——《人性的,太人性的》

不开始就不会有进展

万事开头难。

不过倘若不开始,就不会取得进展。

——《人性的,太人性的》

充满活力的事物，方能产生良好的影响

任何好的事物均能将活力注入人们的心田，或是激励人们更积极地面对生活。

就算是以死亡为主题的书籍，也可以是激励人心的好书。相对地，就算是以探究生命为主题的书籍，也可以是低估生命价值的烂书。

不管是言语还是行动，倘若让人充满活力，那就是好的。充满活力的人，也会始终对周遭产生良好的影响。选择充满活力的事物，为的是给更多生命注入活力。

——《漂泊者及其影子》

为了生存，义无反顾地前进

你想在那里站到何时？是在等待什么事情发生，还是在等待他人帮助的到来？

是由于不清楚幸福何时会降临，于是就傻傻地站在那里吗？或是认为当真存在天使或神灵可以将幸福赐予你吗？你是否认为只需在此一直等候，奇迹终会发生，从而将处于困境中的你解救出来呢？

不过事实却是，你的人生就要在等待中结束。你是否应该重整旗鼓，开始你的新生活呢？

而且，在你开始新的生活的那一瞬间，甚至接下来的日子里，你都可以充分体会到活着的充实与生命的美好。

——《神圣的成长》

自由的副作用

我当然清楚,你希望变得自由。你必定认为自由是让你最大限度地发挥才能的条件。不过,真的可以获得自由吗?你清楚自由的证明是什么吗?自由的证明就是,你会对一切事情失去廉耻感。

——《快乐的知识》

因人而异的认识

打算找一个美丽又有教养的人?那就要找到欣赏美景的办法,也就是只从某种角度看某个地方的美景,换言之,就是放过那个人的全部。

有些人的确极具教养。不过,就像从正上方看到的风景那样,那个人也不会美丽到可以用"绝景"来评价的程度。

——《曙光》

有舍弃，方能前行

　　人生苦短，即便死神在下一秒发出召唤，也相当平常。因此我们要活在当下，把握到来的机会。

　　想要在有限的时间里多做些事情，就要懂得将什么抛开、舍弃，不过无须烦恼，原因是就在你努力行动之时，那些不必要的东西会如同枯黄的树叶一样自动离去。

　　如此一来，我们就能毫无负担地向着目标更进一步。

——《快乐的知识》

活得无怨无悔

就算人生从头来过也无所谓,这样的人生才是无怨无悔的。

——《查拉图斯特拉如是说》

只有在空闲时方能思考人生

尽管思考人生也是极好的事情，不过这样的事情仅能在空闲时做。

平日里全神贯注于工作，竭尽全力做着一定要做的事情，将一定要解决的问题解决掉。这才是我们好好对待人生的佐证。

——《神圣的成长》

以宽容之心接受生命中的每件事

　　人只要活着，就会面对相当多的不得不做、不得不接纳的事，像人际交往、受到关照、帮助他人、处理事情、辛苦劳作、竭尽全力、执着地爱、坚守信念、离别、变动与失去……

　　也许你会选择抽身而去，也许你会选择敷衍了事。不过，我一直认为，我们理应学会用宽容之心接受生命中的所有事情，并耐心地做完这些事情。

　　此时我们会发现，那些原本我们认为无法做到的事，竟然比想象中容易得多。而后，这些各式各样的经历就构筑起了我们的人生。

——《神圣的成长》

生存不只是活着

所谓生存的力量,并非仅仅指活着,而是生命中昂首向前的动力。这就是被称为开拓性的不断前进的永不熄灭的生的能量。

在生存的力量中,对世间的爱、创造和认知的理念构成一个整体,正是它驱使生命不断向前。

——《神圣的成长》

不要沉湎于往事

倘若只是无意间想起过去的美好而心生感慨,那倒无所谓。不过,还是请不要过度沉湎于从前的种种。

过度沉湎于往事,会让我们的心被往事束缚,如此一来,我们就无法注意到接下来的各种新的人生经历,更不会清楚我们会由这些新的经历产生新的认知与价值观。

——《神圣的成长》

开启自觉之门

我们已经将许多伟大遗忘了，就如同将许多的善忘却，仅能远距离观望，且它并非来自高尚的一面，而是完全来源于卑微的一面——它是唯一会这样做的。也许你周围的许多人只有隔着一段距离观看，你才能发现他的耐心、魅力和朝气，那是由于其自觉力被蒙蔽了。

——《快乐的知识》

你的人生就是你的生命之旅

去体验人生吧！勇敢地去体验吧！不要如同过客一样仅用双眼观望然后就离去，而是要用自己的全部身心去深入体验自己的人生。

这并非简单地体验人生，而是要用心地经历，深刻地体会。将自己的全部身心投入自己的人生当中。

这是由于你的人生就是你的生命之旅。

——《人性的，太人性的》

远离乏味的生存方式

你肯定认为自己是一个强大而勇敢的人。

可是事实上呢？你会因为一点儿小事而生气和烦恼。此外，你必定也为了追求安全且有保障的人生，始终恪守着节约、稳妥的美德。

你不觉得这样的生存方式过于乏味吗？

——《神圣的成长》

苦难的尽头

倘若我们一味地逃避那些本应经历的痛苦、磨难，或是将其置之不理，那么唯一的结果就是，我们原本的生命力被削弱了。

倘若我们想提升能力，唯有经历这些磨难。须知，通往旺盛生命力的道路常常位于苦难的尽头。张开双臂，迎接我们的磨难吧，就如同那些勇于向山巅攀登的人一样。

——《神圣的成长》

禁锢即走向灭亡

生活在某个保守部落的人们，每天都固守着先祖制定的道德标准、宗教传统与生活习惯。由于其固执地坚守着这一切，结果对外界一无所知，自己的小世界将其思想束缚着，以致变得越来越顽固，最终被孤立起来，随之而来的是部落的人们渐渐老去，最终直至部落消亡。

当然，并非只有部落如此，人也一样。倘若不去适应变化的世界，不断提高个人水平，必定无法享受较好的生活。

——《神圣的成长》

由漂泊获得人生的体验

人生即漂泊,就好像旅人漂泊于旅途中。

漂泊也并不只在平原上。人的一生要翻越数不清的险峻山峰,要穿过漆黑的山谷,要蹚过湍急的河流,还要徒步行走于寒冷的夜空下。

我们拥有丰富的体验正是因为在人生的旅途中经历了不同的事。

不过,这些均是自身的人生体验。我们的人生正是由这些自身的体验所构成的。

——《查拉图斯特拉如是说》

舒适的生活之道

如何才能让生活变得既舒适又有趣呢？在这方面不妨向艺术家学习。例如，一个画家会在意物品的摆放，为此专门将其放在远处，并选择斜视的视角，以此增加光线的强度或者强调画面的阴影……

在生活中，我们一般也面临着此类考验，像室内的摆设，家具一定要摆得有章法方能让整个生活环境变得和谐、舒服。

同理，生活中的诸多事情和人际相处不妨也参考个人喜好进行设计。

——《快乐的知识》

成长带来的美好体验

持续成长吧!向着更高的目标成长,不要对当下的高度感到满足,要持续地向高处努力成长!

不管是作为人类的个体、生命的个体,还是作为成长的个体,我们都应借助于不断地丰富知识、增加经验、发扬爱心、经历苦难,让自己得到成长。

唯有如此,我们才能用双眼发现真知,才能发现我们从前不曾看到、领悟到的生命之美。

为了达到这一水平,我们要持续地成长。

——《人性的,太人性的》

打破陈腐思想，方能脱胎换骨

蛇不蜕皮的话，等待它的只有死亡。

人类也是这样。如果总是披着陈腐思想之"皮"，其内心就会慢慢腐败，停止成长，最终走向死亡。

因此我们一定要不断更新思维，以便脱胎换骨。

——《曙光》

沉迷工作，静候转机到来

专注地投入工作就没有胡思乱想的时间了。就某种意义而言，这也是工作带来的一大好处。

当人生遭遇瓶颈时，可以借助沉迷工作来暂时逃避来自现实生活的压力和烦忧。

当你感到痛苦时，可以试着适当"逃避"。这是因为倘若你继续努力奋战下去，其结果就是令自己更加痛苦，而情况不一定会好转，因此无须强迫自己将一切承担下来。倘若你可以让自己沉迷于工作中，转机必定会到来。

——《人性的，太人性的》

不要止于计划

我们在制订计划时内心经常雀跃不已。须知,不管是制订长期的旅行计划,还是想象自己理想中的家,抑或是制订缜密的工作计划、人生计划等,均能让人于兴奋中充满期待。

可是,人生并不能永远停留在制订计划带来的快乐上,倘若你还活着,就一定要执行计划。不然的话,就只有协助他人执行计划的份了。

——《建议与箴言》

放慢脚步，慢慢前行

年轻的朋友们，我理解你们的心情，也明白你们所经历的苦痛。不过，请耐心等候。

不管是打算成为具有影响力的人，还是打算成为掌握真理的学者，抑或是打算成为深谙美学的艺术家，就算你可以立刻进入此阶段，我也希望你可以放慢脚步，慢慢前行。

——《人性的，太人性的》

衰败的魅惑

远处被夕阳渲染的霞光,肌肤好像都可以感受到它的柔美。如此恬静的黄昏,舒适得可以让人的一切情绪得到安抚。

这充满魅力的夕阳美景好像一位知性的长者,又好像一位完成了人生旅程的旅人。

不过,不管是此种独特的氛围,还是鹅绒般温和的态度,它们均证明其精神正步入晚年并开始走向衰败。

——《曙光》

坚持学习，让生活充满乐趣

坚持学习，会让受过高等教育且有知识积累的人不感到无聊，这是由于他们因此对事物产生了越来越多的兴趣，且这种兴趣越来越强烈。

就算他们的所见所听与他人的一样，他们也可以轻松地从普通的事情中发现意义，以此填补空白的思考。

换言之，有趣的难题点缀着他们的每一天，他们因此获得知识和充实的生活。于他们而言，世界永远是那么有趣，他们自己则如同生活在热带雨林中的植物学家。

他们因为生活充满了探索与发现而感到有无穷乐趣。

——《漂泊者及其影子》

因与果并不是一一对应的

我们总认为因果是一一对应的。不过，我们理应认识到，所谓因果仅是我们想当然扣上的帽子。

不管是哪种事物或现象，都并非如此单纯，也并非仅用原因和结果就可以轻松地加以分析。这是由于其间或许有许多肉眼看不到的因素在发挥作用。

看不到那些因素，盲目地认定某件事的因与果，并认为二者之间存在着必然的联系，这是相当愚蠢的行为。

因此，那种用因果关系来理解事物本质的做法，只是自作聪明之举。没人可以保证大多数人的想法就一定是正确的。

——《曙光》

把更多知性和感性的元素注入基本生活中

我们很容易忽视一些常见的事物，即和衣食住行相关的基本生活。甚至有人会高声宣布，人吃饭是为了活命，为了情欲，为了繁衍子孙。此类人认为生活的绝大部分均是堕落的，和高尚二字没任何关系。

实际上，我们理应用更真诚的目光看待基本生活，看待支撑人生的基石。

我们理应多思考、多反省、用心改良，把更多知性和感性的元素注入基本生活中。这是由于我们生存的基础就是衣食住行，而我们正是因此而走过现实中的人生。

——《漂泊者及其影子》

如果怎么努力都得不到，那就放弃吧

如果努力了，也没有得到想要的结果呢？那么，我们不能这么快就放弃，而应该继续努力，直到达到目标为止。

但是，如果怎么努力都得不到，那就放弃吧。然后，取而代之的是，我们要擦亮自己的眼睛去发现、找到新的目标。

终有一天，我们会找到比当初想到的还要好得多的目标。

——《快乐的知识》

凭个人能力去争取

勿双手合十，做出恳求的表情。勿认为这就是原本的自己，即便任何事不做也可以心想事成。

自己不做任何努力就能从他人那里索取吗？倘若无须付出努力就可以得到，那么得到的东西也不会完全属于自己。

与其如此，不如凭个人能力去争取。

——《快乐的知识》

止步不前就有可能沦为垫脚石

  原本你与你的诸多好友之间关系异常亲近，大家经常互通有无，不过忽然大家都不来往了。而此时你们中的某个人倘若向着更高的目标前进，你与其他朋友就可能沦为那个人成长的垫脚石。

  你们中哪个人是生而就想沦为他人的垫脚石的吗，或者说有谁最初的想法就是成为他人的垫脚石吗？

——《快乐的知识》

将障碍当作成长的催化剂

只要活在世上,就会遇到无数的障碍。

例如遭遇他人的憎恨、嫌弃、妨碍、妒忌、诬蔑、迁怒、暴力、色诱、不信任、贪婪以及冷遇等。有人惨败于这些障碍前,也有人将这些障碍变成了其成长的肥料。于后者而言,遇到的这些障碍好也罢,不好也罢,均无法令其受到伤害。因为于他们而言,这些正是让自己成长为杰出人物的催化剂。

——《快乐的知识》

坚持独立的生存法则

他人的方法可以为我们提供借鉴,却不应该成为完全的指导,这是因为人人均有独立的生存法则。此道理相当简单,倘若翻阅那些长篇累牍的方法论和数以千万计的名人传记,将之与自己做个对比就更清楚了。

你一定要清楚自己的需求,清楚自己想成为哪种人,你的个人特质又是怎样的?你需要付出哪些努力?倘若你不曾思考过这些问题,那么显然你也不会获得答案。

当你清楚了自己的动机,清楚了"出发的因",此后要做的事情就一目了然了,而属于你自己的人生之路就已在眼前展开,仅需迈步向前即可,根本无须将时间浪费在效仿他人上。

——《偶像的黄昏》

人终有一死，因此更要努力

人终有一死，所以更要活得快乐。

面对迟早会到达的人生终点，更要努力向前。

正是因为时间有限，因此更要把握当下的机会。

将那些叹息与呻吟，全都给歌剧演员吧！

——《权力意志》

作为人类的宿命

我们的一生会经历相当多的事情，并依据这些经验判断人生的长短、贫富，甚至充实或空虚。

不过，由于我们的躯壳将我们的灵魂拘束起来，因此，没有千里眼的我们，无法体验到更广的范围和更远的距离，当然，耳朵无法听到一切声音，手也无法触摸一切事物。

不过我们仍旧会擅自判断事物的大小、坚硬或柔软，甚至还敢于对其他生物做出判断。我们不仅无视自己能力有限，也不曾意识到个人判断或许存在失误，这就是人类无法摆脱的宿命。

——《曙光》

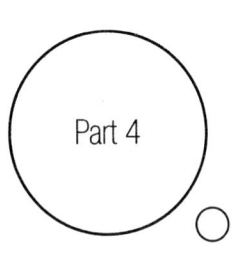

Part 4

对待生命，你不妨大胆冒险一点

诸多的条条框框将世间众生束缚住，要求他们的行为举止一定要遵照特定的模式。倘若你当真打算自己生活，那就理应跳出世间这些统一的思维模式。

人的内心

　　认为一切错误均在他人的人常会因被他人否定而怒火中烧。

——《尼采文集》

有思想的人

判断一个人是否有思想,需具备以下三个条件:

和他人来往,看书,心怀热情。

缺少其中任意一条,则不能进行思考。

——《漂泊者及其影子》

善用本能之人方为智者

不吃食物，身体会衰弱，甚至死亡。连续睡眠不足四天后，就会和糖尿病患者一样虚弱。如果根本无法入睡，那么从第三天开始就会出现幻觉，并最终走向死亡。

我们可以在知识的帮助下过上更好的生活，我们也可以将知识用于做坏事。由此可见，知识真的是一种相当方便的工具。

尽管我们视本能为野性、野蛮之物，我们却因其而得以拯救生命。本能是一种具有救济功用的知性，也是所有人均具备的能力。

本能处于知性的顶端，所以是最知性的东西。

——《善恶的彼岸》

看清事物的本质是做出判断的前提

矿泉涌出的流量多少不一：有的流量汹涌，哗啦啦不停；有的滴滴答答，时断时流。

那些不了解情况之人，仅凭流量就判断矿泉的价值；而熟知矿泉效用之人，则会依据其含有的成分判断其质量的好坏。

其他事物亦如此，我们不要被外在数量的多少，以及其外表的震慑力所迷惑。于人类而言，究竟什么是有意义、有价值的质量呢？因此拥有可以看清事物本质的眼力相当重要。

——《漂泊者及其影子》

要与时俱进地看待事物

什么是善？什么是恶？什么又是身为人的伦理？这些定义会随着时代而变化，甚至拥有与其原意截然相反的含义。

在古代，异端即不符合传统和习惯的自由行为。此外，恶就是特立独行的举动、不合身份的平等、未知的事、陌生的事，甚至无法看透的事。在古人看来，现代相当多极其寻常的行为与想法均是罪大恶极的。

改变观点就是如此。仅仅靠想象是无法改变观点的，倘若想改变观点就需鉴古知今。

——《曙光》

从已有思想、理念中发现新知

始终在阅读、思考的人会由于所见或所听的新思想、新理论而困惑吗?

不。与其这样说,不如说这些新思想和新理论与陈旧的理论契合得如此紧密,就如同一个整体,进而让我们可以更好地理解它们。

例如,我们对繁星位置的新意义的理解。

——《人性的,太人性的》

智慧可以将愤怒平息

易怒是缺少智慧与贤明之人的特点,他们总是急于将满腔的愤懑与牢骚倾泻而出。

而随着智慧的增多,他们的愤懑与怒火就会变得越来越少。

——《人性的,太人性的》

让思想改变远重于学习技能

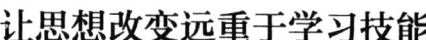

　　打算写出具有说服力、逻辑性强的文章,仅仅靠学习写文章的技能是远远不够的。

　　倘若想改善自己的表达方式与写文章的水准,不仅需要吸收表达与写作的技术,更需要让自己的思想发生改变。

　　不能马上理解这一道理的人缺乏理解力,如果始终无法明白,就会被眼前的技术所困。

——《漂泊者及其影子》

重视思考

体验的确相当重要，因为人会于体验中成长。不过，这并非说你体验得多就能高人一等。

体验过后，倘若不仔细思考，那么体验便会毫无价值。不管你经历过什么，如果不去深入思考，那就是囫囵吞枣。如此一来，你根本无法从体验中学到任何东西，也根本无法掌握任何东西。

——《漂泊者及其影子》

与其探究意义，不如活在当下

那些探求世界意义的人与探求人生意义的人，以及探求自我存在意义的人，就如同赤手空拳地跋涉在沙漠中一样吧。

这是由于生命的意义既不会存放于任何地方，也不会将自己隐藏起来，因为最初的"意义"根本就不存在。不过所说的"意义"不存在，也并非指世界和人生均属空虚。

——《权力意志》

学习是优质生活的基础

　　足够的理解力与记忆力是理解并遵守与对方约定的前提。而此二者是可以通过锻炼而获得的一种知性。

　　人可以对某个人或是某个遥远的对象予以同情，是因为我们具备充分的想象力，而想象力同样是一种知性。

　　就算你如今所学的东西看似毫无用处，也许这些恰好是令你生活得更好的基础。

——《人性的，太人性的》

冷静方能做出正确的判断

判断一个观点是否为真理并非依据热情，因为满腔热情无法证明这个观点就是真理。不过可怕的是，此类人相当多。

判断真理也不能依据历史的长远、传统的悠久。如果有人刻意对此点加以强调，那么他就存在企图捏造历史的可能，因此对此类人要多加小心。

——《曙光》

不要让自己成为差劲的读者

阅读书籍时要小心,不要让自己成为差劲的读者。因为差劲的读者就如同不断掠夺名家的士兵。

他们不会认真地阅读一本书,只想用窃贼般的眼光,于书中寻找对自己有益、可以马上派上用场的东西,并将其据为己有。

他们认为整本书的内容就是自己唯一可以理解且偷来的东西,并对此大肆宣扬。实际上此种行为不但将这本书原有的精神磨灭了,而且还污蔑了这本书与作者。

——《建议与箴言》

智慧是拯救我们的武器

何为智慧的作用?

人生在世,不免要面对数不清的瞬间,彷徨的瞬间、无所事事的瞬间、因为脱离常规而无所适从的瞬间、遭受精神打击而得不到援助的瞬间。

此时我们就会茫然驻足。不过,我们会因为智慧或是其他的价值观与思维方式从僵住的瞬间里获救。切记,此时可以拯救我们的武器就是智慧。

——《哲学者的书》

学习得到的另一些东西

学习可以令我们的知识丰富。不过,认为学的知识无用的人也相当多。这是极其平常之事,这是由于在短短几年内是无法学到太多东西的。

实际上,我们借助学习获得的是另一些更重要的东西。我们借助学习锻炼了自己的能力。例如,令我们的观察、推理以及逻辑思维的能力增强,让我们的持久力和多角度看问题以及推断的能力提高。不管是在哪一领域,我们掌握的这些技能均发挥着巨大作用。

——《人性的,太人性的》

肉体的理性

相当多的人认为,在我们的肉体中寄宿着精神和理性,正是它们控制着肉体的行为。

事实的确如此吗?我们精密运转的脏器也是在精神或理性的支配下吗?倘若遇到危险,肉体可以从精神或理性那里得到躲避的指令吗?

实际上,早在我们的精神或理性行动之前,我们的肉体已自发做出了对生存最有利的行为。由此可知,我们的肉体原本就满载着生存智慧的理性。

——《查拉图斯特拉如是说》

跳出固化思维模式

诸多的条条框框将世间众生束缚住,要求他们的行为举止一定要遵照特定的模式。

这些人完全按他人的意志而活,进而丧失了独立思考与行动的能力。

他们如同已经死亡一样,按照事先规定好的统一方式思考、与人交际、处理问题。

倘若你当真打算自己生活,那就理应跳出世间这些统一的思维模式。

——《人性的,太人性的》

具备海纳百川的勇气

从前灵魂一直认为肉体是粗鄙的,人们常供奉着此种看法,灵魂认为肉体理应瘦弱苍白,如此方能逃避肉体和大地。

不过灵魂本身就是瘦弱苍白的!它对冷酷是如此偏爱啊!

不过大家试想一下,肉体又是如何对待灵魂的呢?

难道灵魂并不是贫乏、污秽又自满的吗?

人的一生充满污秽,倘若想成为大海,就要具备海纳百川的勇气。

——《查拉图斯特拉如是说》

人生最有力的武器

我们借助惯用的词汇表达自己的想法。而所用词汇的程度与思维的容量呈正比例的关系。

词汇运用得越多,产生的想法就越多。产生的想法越多,思考的范围就越广,获得的可能性就越大,这是人生最有力的武器。

因此,你的人生之路会因词汇的增多而更加宽广。

——《曙光》

能让你获得解放之人，
才是真正的教育者

当真是除非上好学校，否则就无法遇见好老师，接受好的教育吗？

你希望从老师那里学到什么？你希望接受怎样的教育？学校和老师不同，学生的收获也不同吗？

实际上，真正的教育者并非拥有显赫的头衔和丰功伟业之人，而是可以帮助你将潜力发挥出来的人。换言之，真正的教育者应该是可以让你获得解放之人。因此，真正的教育者是可以让你自由自在、充满活力地发挥能力之人，你理应去这样的人任教的学校。

——《作为教育家的叔本华》

学习并非仅为模仿

　　古希腊高度繁荣的文明之所以能经久不衰，就是因为他们不但知道吸收外国的文化与营养，而且还能学以致用，且将其发展得更好。

　　多元化的学习是基础。学习并非仅为模仿，更是为了将外国文化当作一种教养，将其当作养分来浇灌自己。现世也是这样，仅仅追求眼前利润的经济活动压根不可能通往繁荣与发展之路。

——《备忘录》

先让自己的内心丰富起来

我们经常在日常生活中将自己的想法和感受告诉他人，或仅在头脑中思考。我们始终乐观地认为，可以将自己的想法表达出来，并且被对方接受。

不过，我们只会将自己的想法用自己现有的词汇加以表达。也就是说，那些词汇掌握得较少的人会表达得比较差，甚至根本无法将想法或感觉表达清楚。同时，这也决定了个人的思想和心灵的语言。那些词汇掌握得较少的人，其思维和内心自然也相当贫乏。

与杰出的人交谈，可以提高语言能力，从而让自己的头脑与心灵丰富、充盈。

——《曙光》

怎样让思想获得自由

你在何处获得自由？与查拉图斯特拉有怎样的联系？要自由的原因之一是疑惑之光在你的眼中闪烁。

是不是倘若你拥有善与恶的判断标准，你就可以如同法律一样对个人意志加以管理，可以对自己加以判断，并抱怨自己的法律不公正？

像戒律一样要求自己和复仇者独处是一件相当可怕的事，这就是地球被投射到广阔而孤独的太空中的原因。

如今，尽管你这个独立者还不受人欢迎，但你却能保留十足的勇气与希望。

——《查拉图斯特拉如是说》

仅有理想是不够的，
还要找到通往理想的道路

仅有理想是不够的，一定要凭借个人的力量，找到通往理想的道路。不然的话，自己的行动、生活方式就会永远无法确定下来。

倘若你认为理想是和自己毫无关联的遥远的星星，那么你就会迷失自己的路，最终仅能获得悲惨的结局。或许一个不小心，相比那些毫无理想的人，你的人生甚至会更加支离破碎。

——《善恶的彼岸》

拥有学习热忱之人,生活永远充满乐趣

那些在持续地学习、累积知识,并将知识提升为教养与智慧之人,生活永远充实,原因是他们内心学习的兴趣越来越强烈。

就算他们具有不同于他人的见闻,他们也可以轻松地从中找出教谕与关键,轻松地发现独特的思维。

他们每天都享受着解谜的乐趣,并从中获得知识,过着充实而有意义的生活。于他们而言,世界永远是那么新奇,永远是那么有趣,他们就如同置身于丛林中的植物学家。

正是由于每天都会有新的发现与探索,所以他们的生活永远那么充实。

——《漂泊者及其影子》

抽离一点，更能看清事物的本质

就如同莫奈的点描画，倘若近看，实在无法看懂画的内容；只要略微站远一点儿去欣赏，你就可以看出画里的轮廓。

身处风暴中的人同理，距离越近反而越不知道怎么办，倘若略微抽离一点，你就可以发现问题的根源，找到事物的核心。

这种手法就是将复杂的事物简单化。有些人之所以被称为思想家，就是因为他们会先用此种手法将复杂的事物简单化，将核心抽离出来，因而与其他人相比，他们更容易看清楚事物的本质。

——《快乐的知识》

检测你的精神层次

　　那些追求更好的生活之人，其精神在每个发展阶段所追求的价值目标都不同。换言之，精神在不同阶段所追求的最高道德并不一样。

　　在第一阶段的精神中，最高道德就是"勇气"。

　　在第二阶段的精神中，最高道德即"正义"。

　　达到第三阶段的精神，最高道德即"节制"。

　　在最后的第四阶段的精神中，最高道德是"智慧"。

　　请扪心自问，现如今，你的精神正处于哪个阶段呢？

——《漂泊者及其影子》

无须炫耀智慧

如果你无意中炫耀了自己的智慧，你早晚会遭遇各种挑衅或反抗，这对你必定是百害而无一利的。

因此最聪明的做法是和普通人一样，喜怒哀乐形于色，偶尔与大家同乐。如此一来，你方能将自己的聪明才智掩饰起来。要知道，只有具备聪明人特有的冷静思考，才能不伤害到他人。

——《漂泊者及其影子》

全身心地体验方能增长智慧

仅仅靠学习与阅读是无法变聪明的，人只有经历过各种事才会成长。当然，并非所有体验都是无害的，体验中也潜藏着危险，稍不小心就会中毒，甚至上瘾。

体验时，专心是最重要的，千万不要中途停下来观察自己的体验，不然就无法用心体验整个过程。

而且还应于体验之后，进行反省和观察，如此才能增长智慧。

——《漂泊者及其影子》

赋予自己才能

你不应由于自己不具备才能而悲观。

倘若认为自己不具备任何才能,那就去学习一种。

——《曙光》

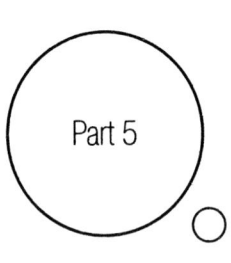

Part 5

心中充满爱时，刹那即为永恒

爱是喜欢与自己截然不同之人，喜欢对方的真实状况。就算对方的感受和自己的截然不同，也能喜欢对方的那份感性。

痛苦带来生命的曙光

在极端痛苦中,一个灵魂为了承受这份痛苦,将会发出崭新的生命光辉。

就是这股潜力在新生命里的发挥,使人们远离在极端痛苦时升起的自杀念头,让他得以继续活下去。

他将别于健康的人的心境,他鄙视世人所认同的价值观,从而发挥昔日所未曾有过的最高贵的爱与情操。这种心境是曾体验过地狱烈火般痛苦的人所独有的。

——《曙光》

爱的能量

爱拥有一双眼睛,可以发现人心中的美好。爱拥有一种欲望,渴望将一个人尽可能地提高。

——《曙光》

爱是人存在的动力

忘记爱人的方式。接着,你便会将自己心中值得珍爱之物忘却,进而无法爱自己。于是,你就无法继续做人。

——《曙光》

爱对方的真实

爱并非占有年轻貌美之人,也并非绞尽脑汁地将优秀之人纳为己用,进而操控、影响对方。

爱也并非寻找、分辨与自己相似之人,更非全然地接纳喜欢自己之人。

爱是喜欢与自己截然不同之人,喜欢对方的真实状况。就算对方的感受和自己的截然不同,也能喜欢对方的那份感性。

爱并非用来填补两人之间的差异,也并非强迫其中一方委曲求全,那种可以喜欢彼此的差异的爱,方是真爱。

——《漂泊者及其影子》

勇敢去爱，主动去爱

倘若你为爱所苦，那么唯一的治疗方法就是勇敢去爱，主动去爱，爱得更多、更温暖、更坚定。

唯有爱，方为治疗爱的仙丹妙药。

——《曙光》

学习怎样去爱

面对首次听到的音乐,我们不要由于不熟悉旋律而讨厌它,理应告诉自己要尽量听完。

唯有反复听几遍,你才会慢慢熟悉它,渐渐发现其魅力,进而挖掘其内涵与美,并最终爱上它,使之成为自己生命过程中必备的一环。

不仅仅是音乐,我们如今所爱的事物也是由最初接触时的陌生,再一路学习怎样去爱的。无论是爱工作还是爱自己,当然爱上一个人也包括在内,学习怎样去爱就对了。

爱总是于崎岖的学习之路的尽头出现。

——《快乐的知识》

爱是真正拥有创造力的源泉

爱是生命的唯一向导。

只有爱才可以将被歪曲了的事实还原,并对其加以修复、调整,使之重新开始。

爱是真正拥有创造力的源泉,唯有爱是指引万物的向导。

——《神圣的成长》

执着之爱的危险

并非说爱得越激烈、越纯粹就越好。这就如同是自己的主观臆想导致对某人的爱不断膨胀,进而变成狂热的爱。

这种臆想就是,不管怎样,仅有特定的某人才可以回应自己炽热的感情,也唯有那个人才可以将自己于爱的困窘中解救出来。这是一种近乎疯狂的执着之爱。

所以,倘若对方不曾给你回应,你就会感到痛苦无比。而倘若对方给了你回应,那么最终等待你的将是臆想的幻灭和无尽的失望。

出现这样的结果的原因是什么呢?这是由于对方赋予你的现实的感受,远非你所期待的那份虚幻的、狂热的、充满激情的爱。

——《神圣的成长》

以爱为出发点的事情

以爱为出发点的事情和道德没有关系。

与其说是道德,还不如说是由于信仰。

——《神圣的成长》

爱的同一性

行为是可以约定的,而感觉不可以,这是由于意志是无法驱动感觉的。

因此,我们不能和他人约好始终爱下去。不过,爱不只是感觉。这是由于爱的本质乃爱这一行为本身。

——《人性的,太人性的》

善和爱的可贵

　　作为人与人交往中最神奇的灵丹妙药和最伟大的力量,善与爱是相当珍贵的创造,以至于人们会希望,这些镇痛剂可以最大限度地得到利用,不过这是无法实现的。于乌托邦主义者而言,善的经济学是他们所做的梦中最敢想的一个。

——《尼采文集》

爱和希望永远相伴

你想在高处自由自在。在如此年轻时产生这样的想法，你会面临相当多的危险。

不过，我热切地希望，你会永远拥有爱和希望，也认真地为你祈祷，希望你会一直在灵魂高尚的英雄的队伍中。你会一直是最神圣的希望之峰。

——《查拉图斯特拉如是说》

爱令人成长

在你爱上某人之后,你会努力将自己的缺点或短处隐藏起来,不让对方察觉。这并不是虚荣心作祟,仅仅是不想让所爱之人受伤罢了。

接着,你会尽可能在对方发现自己的缺点、心生厌恶之前纠正这些缺点,于是人借助爱慢慢成长起来,最终成为越来越接近神明的完美之人。

——《快乐的知识》

爱的方法也会改变

年轻时，人对新鲜、有趣、奇特的东西比较喜欢，根本不在意它的真假。

等到略微长大一些，人就会喜欢上探究道理及真实的东西。

等到更成熟些，人就会爱上在年轻人眼里单调无趣、让他们根本提不起劲儿的深奥真理。这是由于人发现真理常常会用最单纯的话语，将其中最深奥的含义指出。

人也会随着内涵的提升，改变爱的方法。

——《人性的，太人性的》

爱如雨下，洒在好人和恶人身上

为什么与公正相比，人们更欢迎和重视爱呢？

为什么人们喜欢谈论爱，不停地赞美爱呢？与爱相比，公正不是更知性，不是比爱更聪明吗？

正是由于爱是如此愚蠢之物，方能令所有人都感觉舒服。爱始终手捧着无尽的鲜花，如同傻瓜一样，大方地与人分享。不管对方是什么人，就算是一个不值得爱之人，就算是一个做事不公正之人，就算是那种接受他人的爱却不感恩之人。

爱如雨下，会洒在好人和恶人身上，不分对象。

——《人性的，太人性的》

爱就是关注人们心中的美好

爱拥有一双可以发现人们心中的美好,并对其持续关注的眼睛。爱还拥有渴望,可以令人内在的欲望不断提升。

——《曙光》

爱与善恶无关

何为善？何为恶？我们的头脑是可以思考这些的地方。不过，人是有生命的个体。我认为，相比于头脑，爱更应该源自我们的身体。

因此，因爱而做的事情，和善恶无关。爱在产生善恶观之前，业已成为人作为生命个体的一种本能。

所以说，任何爱的行为均与善恶无关。

——《善恶的彼岸》

爱的力量可以将人性的光芒挖掘出来

倘若真的被爱的话,人就会因此慢慢地发生改变。

人们会由于被爱而展现出过去不曾为大家所见过的、深藏不露的长处,在爱的神秘力量下,这种作为人类所特有的闪光一面会慢慢地展现出来。

正是爱的力量让人们将闪光点挖掘出来。

——《善恶的彼岸》

见异思迁的爱

原本爱得欲罢不能,一旦得到后,最初的那种热情和兴致又消失得无影无踪。然后,心意又会转移到其他的人或物上。

请问这里面存在爱吗?

有。这里存在的只是对自我欲望无止境的爱。

——《善恶的彼岸》

主动去爱之人和渴望被爱之人

主动去爱之人，会在对方面前呈现出真实的自己。

渴望被爱之人，则会按对方所愿对自己进行包装后，虔诚地献给对方。

——《神圣的成长》

色欲是软弱者的毒药

于软弱者而言,色欲是甜蜜的毒药。不过于意志坚强者而言,这是极好的兴奋剂和陈年老酒。

于大多数人而言,色欲是至高无上的幸福和快乐,因为在其同意下的婚姻行为相比婚姻形式更具意义。于大多数人而言,他们互相的理解程度远远比不上男人与女人之间的理解,男女间的隔膜是多么深啊!

不过,我必须要在自己的思想和言语周围设置围栏,为的是将猪和流浪者拦在外面!

——《查拉图斯特拉如是说》

道德与宗教的那一面

　　道德与宗教的创立者，努力追求道德价值的鼓吹者和将良知唤醒的导师们的新风貌到底暗示着什么？

　　他们始终是那一方面的英雄，尽管他们也看到其他方面，不过因为太过关心自己这一面，导致这些英雄之于那一面就如同一种活动的布景或机器，在其中充当着密友及心腹侍从的角色，随时为那一面做服务的准备（比如，诗人就经常是某些道德或其他什么的仆从）。

——《神圣的成长》

活着是有价值的

显而易见地,这些悲剧性的人物也会为人类的利益而奋斗,尽管他们自认为是在替上帝的利益而奋斗,好像自己是上帝的使者一样。

他们也会对人类的生命予以促进,同时助长生命中的信仰。"活着是有价值的,"他们都这样喊道,"生命中有着相当重要的东西,它们被深深地隐藏着,千万要小心这些重要的东西啊!"

最高贵的人和最卑贱的人同样被这些鼓舞的话支配,也就是这个鼓舞始终激发出人的理性与热情的精神,进而让人类得以保存。

——《神圣的成长》

爱发挥作用之地

善恶的彼岸,是一个完全超脱善恶判断与道德之地。

由爱出发的任何事情均会发生于此地,由此可见,爱的行为凌驾于一切价值判断和解释之上。

——《善恶的彼岸》

超人即闪电

我的怜悯如同钉死了那个钟爱世人的十字架！我的怜悯不应该是一个十字架！

你们发出过此类哀叹么？我期望你们如此认为！

这并非罪恶，而是于顿足捶胸中的节制，是你们向苍穹表达的忏悔之情！那些用舌头舔你们的闪电呢？将你们的疯狂延续下去！

超人即那闪电，那疯狂！

——《查拉图斯特拉如是说》

占有欲不要过度

占有欲并不是罪无可恕的东西. 因为它可以让人工作赚钱。凭借金钱，人们可以过上丰衣足食的日子，还可以获得自由与独立。

人需要钱并不存在很大的问题，不过一旦占有欲过度，人类就会成为它的奴隶。为了赚得更多的金钱，人们就开始驱使一切时间与能力。你会因为占有欲太盛而得不到任何喘息之机。

——《漂泊者及其影子》

没有喜欢，何来爱

你是否在等待那个正确的人出现？是否打算找一个情人？是否希望有个人深爱着自己？这真是最自以为是的想法。

你是否曾努力让自己成为被更多人喜爱的好人？

还是你认为自己只要获得一个人的爱就可以了？不过此人也是人群中的一员啊！倘若无人喜欢你，又有谁会爱你呢？喂，你还不清楚吗？你从最初就是在强人所难啊！

——《人性的，太人性的》

首先要自爱

《圣经》中说:"我们要爱身边之人。"

不过,倘若我们不能自爱,又如何去爱他人。

就算仅爱自己一点点也比根本不爱自己要好,因此要坚定地自爱。

总之,人务必要先学会自爱。

——《查拉图斯特拉如是说》

女人最深层的爱

女人的内心藏着诸多种爱,而且所有的爱都必定包含着母爱。

——《人性的,太人性的》

爱不同于尊敬

尊敬代表着和对方之间有一段距离,其间还隔着被称为"敬畏"之物,代表你与对方之间是从属关系,二人在实力上存在差距。

不过,爱不在意这些,无上下之分,也不存在所谓实力的差距,因为爱可以包容一切。

因此,爱面子的人不太可能接受爱,与他人的尊敬相比,他们对他人的爱没那么渴望。

自尊心强的人也不易接受爱。尽管人人均希望被爱、受他人尊敬,不过选择爱,难道不轻松得多吗?

——《人性的,太人性的》

爱就是宽恕

爱即宽恕。

爱甚至可以包容情欲。

——《快乐的知识》

有人陪在身旁是最美妙之事

有人陪你一起沉默是一件美好的事。

比这更美妙的是有人和你同乐,有人和你共同生活,经历相同的事和感动,同哭,同笑,度过同一段时光。

难道世上还有比这更美妙的事吗?

——《人性的,太人性的》

唯有享受一知半解时的学习乐趣，方能不断进步

相比能说一口流利外语的人，那些刚在外语上起步，还不能说得很流利的人，更能享受说外语的机会和乐趣。

唯有一知半解之时，方能享受到其中的乐趣。不只是学习外语，所有的初学者的趣味，都令人回味无穷。

这正是人们喜欢学习的原因。就算是长大之后，也可以借助于这样的乐趣，让自己找到一技之长。

——《人性的，太人性的》

悦人亦悦己

取悦他人，自己也会因此充满喜悦。

不管是多么微小的事情，倘若可以让他人喜悦，便可以让我们的内心充满喜悦。

——《曙光》

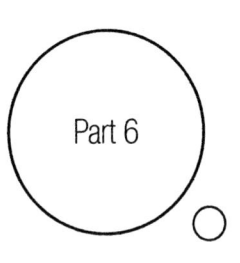

Part 6

做你想做的事，勇往直前地行动

在实际做事的时候，没有必要过分在意常识和规范。我们应该毫无迟疑地、认真地做自己想做的事情，而将那些阻碍、无用的东西统统抛掉。

行为的发端

虚荣导致极端行为的产生,习惯产生中庸行为,恐惧导致小题大做。

——《人性的,太人性的》

工作令人强大

强者是可以专注于工作之人。此类人,遇到任何事情,均无畏无惧。他们不会慌张,不会战栗,不会惊慌失措,更不会烦躁不安。

这是因为他们的人格与心智在工作中得到锻炼,进而让其成为这世上领先于他人之人。

——《快乐的知识》

成功者也有缺点

　　成功者好像在所有方面均高人一筹，而且脑子快、效率高，运气也好，相比他人，做任何事均又快又准。事实上，他们和普通人一样，存在缺点与弱点。

——《漂泊者及其影子》

从点滴做起

慢性病是每天重复着不打眼的小毛病导致的祸根。

心理上的习惯同样如此,也会令自己的灵魂或是更加健康,或是产生疾病。

与其一直以冷言冷语对待周围的人,不如让大家都高兴些。

此举不但可以治疗你的灵魂,而且于你周围的人而言,也会令其心境更好。

——《曙光》

不一定要遵循别人的思维模式

尽管我们在出席宴会时,要求有一定的礼节模式,不过这并不等于在思考和感受上也要有一定的模式。

例如在发生、遭遇某些事情之时,并不曾要求我们一定要有固定的感受或遵循固定的思考问题的方式。当然,我们也并非一定要采用和周围人相同的思维模式。

——《人性的,太人性的》

主动和朋友交流

尝试着和朋友多多交流吧！你们可以随意聊天，天南地北均可，不过绝对不是唠嗑，而是聊些你想相信的事。借助于和朋友推心置腹地交流，你可以清楚自己究竟在想些什么。

当你将对方视为朋友时，那就代表你对他心存一定程度的尊敬，对其人品有着憧憬之情，由此你们方能成为朋友，方能彼此交流、互相尊重，这对你人格的提升相当有益。

——《查拉图斯特拉如是说》

你需要的是可以令自己成长的人际关系

年轻人骄傲自满的原因是他们还一事无成,还和一群与自己相差无几的家伙为伍,就自认为高人一等。

如果是陶醉于此种错觉之中,不但会浪费大好时光,还会给自己招致极大的损失。

因此最重要的事,就是将利于自己成长的人际关系找到,多与那些凭借个人实力取得一番成就的人交流。

如此一来,从前那个骄傲自满、虚荣、毫无内涵可言的你就会消失掉,你就会知道当下究竟应该做些什么。

——《人性的,太人性的》

沟通需要技巧

向他人传达某件事时,需要一定的诀窍。倘若是一件从未发生之事,或者是会令对方感到惊讶之事,那么就当作此事已经众人皆知,然后用相当寻常的语气传达给对方,如此方能令其坦然接受。

不然的话,对方或许会由于自己的无知而自卑,甚至由此迁怒告知者,也就不会接受这一件事。

此诀窍不仅可以大幅度提升沟通的质量,而且是分工合作时事关成败的因素。

——《曙光》

不要总是想着他人怎么样了

　　不要妄加评断他人如何,也不要对他人存在的价值肆意评估,更不要在背地里说长道短。

　　不要总是想着他人如何。

　　尽可能避免做此类无谓的想象。

　　如果可以做得到此点,那就证明你是一个好人。

——《曙光》

学会适当隐藏，方能将领导魅力发挥出来

想让别人认为你是一个极有领导力、极富内涵之人，仅需学会适当隐藏。不要将自己的一切公开，要让他人认为你是一个深不可测之人。

这是由于在相当多的人心目中，深不可测的事物是极其神秘与深邃的。就如同池塘或沼泽，越是混浊就越无法看到底，人们就会认定它很深，于是心生恐惧。同样的道理，面对具有领导气质之人时产生的恐惧，也具有相同的效果。

——《快乐的知识》

不曾仔细思考，再多的体验也无济于事

体验的确相当重要，人总是于体验中成长。不过不要认为自己体验得多就会比他人优秀。

体验过后，倘若不曾仔细思考，还是无法获得任何收获。无论是怎样的体验，倘若不曾深入思考，就如同乱吃一通，仅会一直闹肚子疼罢了。如果不能从体验中学习到东西，就无法掌握任何东西。

——《漂泊者及其影子》

要赢就要赢得彻底

勉强胜过对手一点也不光彩。倘若要赢,那就一定要赢得彻底,赢得漂亮。

如此,对方才不会不甘心地想"差一点儿就赢了",也不会因此自责,反而会欣然赞许对手的胜利。

不管是迫使对方出丑的险胜,还是靠耍手段赢来的胜利,都是留下遗憾的赢法,赢得一点儿也不精彩,这并非赢家应有的气度。

——《人性的,太人性的》

当说之时,莫迟疑

我们在何时应该说话呢?

此处指的是一定要说些什么的时候。

此时,理应说些什么呢?

此时我们仅需自然而平淡地叙述我们做的事、克服的困难即可。

——《人性的,太人性的》

无法言尽的事实

就算你一门心思地想将内容说清楚，不过仍感到有不曾说到之处。尽管你已经将自己的体验做了详尽的说明，不管用怎样的词语加以描述，也存在表述不清之处。语言仅能让听者听到一个大概的、平均的、中心的内容和意义。

而听的人，也仅能对你说的内容产生一个大致的印象。不过倘若事后听者也亲自体验了的话，那么借助于这些体验，他们就会加深对之前听到的内容的理解。

——《偶像的黄昏》

用行动赢得信赖

在现代,那些赢得他人信赖之人并非那些到处宣扬自己值得信赖之人。这是因为会说这些话的人,不是超级自恋狂,就是由于太爱自己而无法认清自己。而大部分人也相当明白,人类到底有多脆弱。

倘若要赢得他人的信赖,无须用言辞强调,而应用行动示人。而且,最能打动人心的是在进退维谷时的真挚举动。

——《漂泊者及其影子》

内在更有说服力

人云亦云的永远是人群中的大多数,他们无法拿出具体的证据。例如在一项提案里,持反对意见的人也许主要是因为受了陈述提案人的口气或者当时氛围的影响。

很明显,它以此吸引更多人来同意你的小谋略。例如表现手法、说服方法、运用什么样的语气,这些技术上的问题解决起来相当容易,不过没法改变的是陈述者外在的容貌、生活态度、人品。

——《人性的,太人性的》

正视自己的缺点与弱点

　　成功者不但不会将自己的缺点与弱点隐藏起来，而且会将之伪装成自己的强项，而这恰好就是他们相比普通人，更老谋深算之处。

　　而成功者可以做到此点的原因就在于，他们对于自己的弱点与缺点相当清楚。大部分人无视自己的缺点，而成功者却可以正视个人缺点，理解个人缺点，而这就是他们与普通人截然不同之处。

——《漂泊者及其影子》

无须为不曾做过的事后悔

人是一种不可思议的生物，总是随心所欲地判断行为的大小，例如：完成一件大事，或是仅仅做了一些小得不能再小的事。

更让人无法理解的是，人会为自己不曾做过的事情后悔。明明自己不曾做过，却发自内心地认为自己错过了一件大事，甚至懊悔地认为当初自己倘若做了，必定会有巨大的转变。人认为自己可以对行为的大小进行判断，甚至认为那所谓大小即真相。

其实他们不清楚的是，自认为的小事，于别人而言，或许就是一件大事。反之亦然。总而言之，对过去的行为进行评判没有任何意义。

——《快乐的知识》

找到你的人生扶手

走在溪边小径或是桥上,一不小心就会摔下去,因此路旁和桥上均设有扶手。不过一旦真的发生事故,扶手或许会与你一起掉落,因此即便有扶手,也无法确保绝对安全。然而,你至少会因为这个扶手,安心一些。

父母、师长、朋友就如同扶手,均是可以让我们安心、受到保护、得到安全感的人。你或许无法百分之百地依赖他们,也或许无法得到完全的协助,不过于我们而言,他们却是我们心灵最大的支柱。

年轻人特别需要如同扶手般的心灵支柱,这并不是由于年轻人比较脆弱,而是因为这样可以帮助他们度过更美好的人生。

——《人性的,太人性的》

为梦想负责的勇气

我们会为自己的过失负责,何不为梦想负责呢?

那不是你的梦想吗?那不是你一直声称要完成的梦想吗?难道你的梦想就如此脆弱,难以实现吗?

那难道不是你独有的梦想吗?倘若你最初就不打算为自己的梦想负责,那梦想就永远无法实现。

——《曙光》

真正聪明的人懂得"藏锋"

一个人只有聪明机智是不够的,还要懂得隐藏锋芒。在他人眼中,仅会耍聪明的人一点儿都不帅,反而会遭到轻视,会因为稚嫩被人嫌弃,因此"藏锋"是相当必要的。

相比只会耍聪明的人,大智若愚的人更有魅力,更能广结善缘,因此更容易得到别人的帮助,也更能占便宜。

——《玩笑、欺骗与报复》

不要吹嘘自己的人品

　　人品相当重要。人们赞同的并不是此人的意见和想法，而是此人的人品。

　　人品是无法伪装的，也无法表演。即便一直在吹嘘自己人品有多好，也不可能获得他人的信任，人们反而会对那些默默行善的人充满信任，表示赞同。

——《快乐的知识》

可以自控,方能获得真正的自由

易怒、神经质的人,天生就是此种个性,极难改变。就如同俗语所说:"江山易改,本性难移。"

不过愤怒仅是基于一时冲动,还是可以自控的。将愤怒直接表达出来,极易给人留下急躁的印象,不妨换个方式发泄情绪,或是将怒气克制住,等待气消。

不仅怒气可以控制,内心涌现的情感与情绪也可以自由控制,这与动手修整庭院里的花草和采摘果实的道理相同。

——《曙光》

勿固执己见

一个人固执己见的背后，常常隐藏着几个理由。例如：因为某个见解仅自己想得到，所以相当骄傲自满；或是想到自己费尽心思才想到此见解，当然想获得一些回报；抑或是认为仅有自己才能领悟到这么高深的见解。

不过要切记，有相当多的人可以凭直觉感受到固执己见之人的心态，他们会条件反射地对此种人产生厌恶之情。

——《人性的，太人性的》

尽可能用品位高的措辞

我们使用的语言拥有独特的味道,而且,存在搭配起来相当和谐的措辞,也存在搭配起来相当不顺耳的措辞。

清楚了此点后,我们在运用语言时就理应更加敏感,多体会其含义,尽可能使用更得体、更有品位的措辞。

——《人性的,太人性的》

最好的出击是说出本质与真相

你究竟是由于何种原因想对你的对手加以斥责或是予以中伤呢?

你的最终目的是令其受伤吗?倘若如此,那就容易多了。你既不必出口辱骂,也不必夸大其词。你仅需将事情的本质和真相说出,这就是最好的出击。

——《神圣的成长》

"恶与毒"可以令人更强

高耸入云的大树可以避开恶劣的气候吗？

倘若没有大雨、艳阳、台风、雷鸣闪电的"蹂躏"，稻谷能长出饱满的稻穗吗？

人生中存在不同类型的"恶与毒"，倘若不存在这些负面因素，人会成长得更健全吗？

憎恶、嫉妒、固执、疑神疑鬼、冷漠、贪婪、暴力，或是诸多不利的条件、众多的障碍，都是烦恼的根源，不过少了这些负面因素，人就可以变得更强吗？

不，正是由于存在这些"恶与毒"，人才能获得克服的机会与力量，才得以坚强地活在世上。

——《快乐的知识》

发现别人的优点

观察别人时,理应着眼于别人的优点。

如果只盯着别人的低劣之处,那就表明你的状态也不是很好,这就是说你希望借由发现别人的缺点,将自己愚蠢又不努力的事实避开,自欺欺人地以为自己高人一等。

而且,最好不要和不愿意发现别人优点的家伙扯上关系,不然你就会和他一样粗鄙。

——《善恶的彼岸》

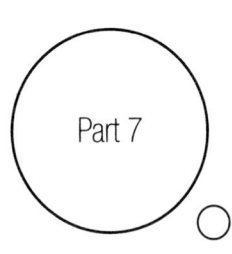

Part 7

多数人贪图安逸，少数人超越自己

倘若可以蓬勃地生活，那么你生命的意义就会闪烁出光芒。倘若消沉地活着，就算是在盛夏的正午，你的世界也会暗淡无光。

坦荡生活

活得坦荡，不后悔，纵然从头再来也无怨无悔。

——《查拉图斯特拉如是说》

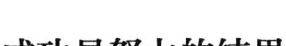

成功是努力的结果

成功不存在偶然。

即使有些胜利者谦虚地说自己的成功源于偶然。

——《快乐的知识》

蓬勃地生活

倘若可以蓬勃地生活,那么你生命的意义就会闪烁出光芒。倘若消沉地活着,就算是在盛夏的正午,你的世界也会暗淡无光。

——《权力意志》

超脱世间的人生态度

我们活于世间,也要超脱世间。

所谓超脱世间,即不让情感的波动左右自己。不让情感左右自己,方能驾驭名为"情动"的烈马。

如果可以做到这一点,时代潮流就不会影响你。你才可以拥有坚定的信念,坚强地活下去。

——《善恶的彼岸》

片面追求安定只会让人与组织腐朽

尽管声称"物以类聚",不过想法相同的人倘若聚在一起,互相认同,聊以获得满足,结果仅会形成一个舒服的封闭空间,从而让新的思维与创意无法产生。

而且组织中的年长者如果一味偏袒和自己看法相同的年轻人,那么无论是年轻人,还是组织,终会一事无成。

对反对意见与独特的新点子心存畏惧,仅追求安定的态度,只会让人和组织加速颓废与毁灭。

——《曙光》

无须讨好所有人

倘若对方发自内心地讨厌你,那你无论如何示好,也不会将其态度改变,仅会让自己成为他人眼中爱献殷勤的家伙。

不要指望获得所有人的喜欢,仅需以平常心待人接物即可。

——《人性的,太人性的》

不要借助想象来逃避现实

　　不管你对自己或是现实世界有多么不满,希望你不要借助想象来逃避现实,更不要让自己超越现实地活着。

　　你要牢记,所有的一切均产生于现实世界,不管是宗教,还是艺术,均是如此,甚至你也是如此。

——《哲学者的书》

世人的偏见

世间的人们早已在自己幽暗的心中将感情丰富的人、冷漠的人、贤明的人等进行了大致分类,并且认为这些人理应一直保持他们心目中的样子。

所以,倘若被认定为贤明的人表现出了困惑或是犹豫不决的样子,人们就会突然之间产生失落感,进而对其产生怀疑。

——《善恶的彼岸》

亲身经历最重要

　　不管你轻易得到的成果有多么伟大，也不管你与自己的目标离得多么近，此时只要你伸手去抓它，就意味着一切业已结束。

　　在你将目标抓住之前，你理应将自己的心智唤醒，原因是它们的成长只能靠你自己，而你要真正实现目标，也只有等到心智成熟的时候。

　　而且，为了让心智获得发展，我们必须经历艰难、苦恼、贫乏、失意，并最终将其战胜。我明白其中包含的艰辛。不过，正是由于你经历了诸如此类的苦难，你方能获得熠熠闪光的成果。

——《人性的，太人性的》

活在当下

你理应学会享受生活、享受当下，将自己的目光从那些可悲的自怨自艾上移开。

整个家庭会因为一个人的抑郁而闷闷不乐，聚会和工作场所的情况亦是如此。

因此要尽可能地享受当下，幸福地生活，尽情地欢笑，全身心地投入这一瞬间，为自己和他人快乐地活着。

——《快乐的知识》

拥有自己的生活主张

想要一尾活鱼,就一定要亲自出门去钓。同理,倘若想拥有自己的主张,就一定要动脑思考,把想法转化成语言。

会这么做的人,远胜买鱼化石的人。那些仅想花钱买鱼化石的人是懒于思考之人,他们只想把钱花在购买化石(即他人的意见)上。

他们将购得的意见当作个人主张,此类主张没有生机与活力,更谈不上变化。可叹的是,此类人世上到处都是。

——《漂泊者及其影子》

无须为无聊的事而苦恼

热和冷是一组反义词,开朗和晦暗是一组反义词,大和小是一组反义词,这是一种使用相对概念的文字游戏,不过千万不要认为现实也是这样。

例如,"热"和"冷"这两个字并不是对立的,仅仅是为了表现人们对某种现象感受的程度存在差异罢了。

倘若认为现实中处处对立,那么生活中极小的麻烦就会成为困难与阻碍,极小的改变就会被放大成莫大的痛苦,原本单纯地保持距离最终会造成疏远与决裂。

绝大多数的烦恼均是由于认知失误而产生的。

——《漂泊者及其影子》

勿被大多数人的判断迷惑

　　人们总是轻视一眼就可以看明白的结构与道理，或是比较容易解释的事物，却对那些无法说清楚、暧昧不清的事物相当重视。

　　我们不能被他人的情绪所惑，进而做出错误的判断。

——《人性的，太人性的》

最初印象与信任

那些让人产生崇拜感的人,不管他们说什么,他人均相当信服。

不过,倘若谈话时详细地叙述事情的依据和理由,反而会增加对方的不信任感。

总而言之,人们对他人最初印象的判断均是相当草率的。

——《神圣的成长》

一边计划,一边调整

一旦施行计划,就一定会遭遇各种阻碍、困难、怨愤与幻灭,而逐一克服或是半途而废是你仅有的两种选择。

那么,到底该如何做呢?毕竟计划永远赶不上变化,倘若想愉快地实施计划,唯一的做法就是一边计划,一边调整。

——《建议与箴言》

威严感

请注意那些顶着夸张头衔之人。他们始终穿着可以表明自己的职位或地位的衣服,摆出一副正直的模样,做出那种气度不凡的、有威严感的动作,煞有介事地参加相当多的会议或仪式,喜欢使用令人费解的、拐弯抹角的殷勤措辞,而且他们倘若感到一点反常就会马上板起脸。

他们用此种方式将威严感显示给他人看。

——《曙光》

人表现出威严感的原因是什么

为什么要表现出威严感呢？他们仅仅是想将一种威慑力传达给其他人，从而让人们对其所属的组织以及其本人产生恐惧心理。他们正是借助此种阴险的手段来操纵众人。

不过，他们之所以热衷于制造此种威慑力，是由于自己胆小，换言之，是因为他们不曾真正具有令他人产生威严感的资本。

——《曙光》

敌人是命运最高的礼遇

倘若出现毫不留情的敌人,你就只好与之战斗。

正因为如此,你要高兴地迎战。原因是命运会站在你这一边,它将这样的敌人送给你,就是为了让你取得胜利。

你正在接受命运最高的礼遇。

——《快乐的知识》

别人的道路不一定适合你

就算是阅读了再多理论方面的书,将企业家、有钱人的处事方法了然于心,仍旧无法找到适合自己的方向。

这就如同相同的一剂药,未必对所有人都适用。

同理,他人的做法不一定适用于自己。

——《偶像的黄昏》

人要与时俱进

热烈的感情产生意见,让主义、主张得以产生。

为了让自己的观点和主张得到他人的赞同,你一直局限于自己的意见、主义和主张,最终它们慢慢硬化,成为被称为"信念"的东西。

有信念的人总被认为是伟大的,不过这些人仅仅在凝视着过去,他们的精神还停留在那时,不曾发生一点儿改变。可以说,其松弛的精神创造了信念。

那时的观点究竟正确与否,一定要不断地更新,从而在时代的更改中回溯、重建。

——《人性的,太人性的》

珍视人生的经历

对一些人而言，旅行的意义就是在陌生的地方以完成行程为目的而四处游荡，或是将注意力放于购买纪念品上，又或是对异域风情进行观察；而另一些人，则对旅行时发生的邂逅充满期待。当然，他们清楚怎样将旅行所得运用于自己的生活和工作中。

人生亦同理，如果每次的经验均是走马观花式的敷衍了事，人生就会变成不断重复的过程。

那些清楚应该将经历过的事运用于日后生活并开拓充实自己之人，方能真正地畅游人生。

——《漂泊者及其影子》

不要让占有欲征服你

占有欲将一些人完全束缚，使之成为自己的奴仆。于是，于人类而言，那些重要的东西，如丰饶的内心、精神的幸福、高洁的理想……均不复存在。

最终，他们就会成为除了钱以外别无他物之人。因此，当你快被占有欲征服时，务必多加小心。

——《漂泊者及其影子》

忘掉身外之物，我们会觉得更丰富

我们不妨试着想象一下，如果把这些东西，如金钱、家庭、土地、朋友、头衔、工作、名誉、年龄、健康等全都拿走，会出现怎样的情景。

那样的话，我们还拥有什么？

我们拥有的就只是他人无法拿走的真正的自己。

例如我们的感知、能力、意志、愿望等，当然还有其他许多东西。

感觉如何？

是不是尽管那些身外之物全都被拿走了，可是相比从前，我们反而感觉更丰富了？

实际上，这些才是我们今后理应用心耕耘的肥沃土地。

——《人性的，太人性的》

爱自己的敌人

　　爱自己的敌人？我想人们已经彻底将此点学会了。当前，这种事情正不同程度地反复发生着，已达到了成千上万次，而且有时还会发生更崇高、更伟大的事情：我们学会了在爱的时候，并且是在爱得最深之时，对我们爱着的对象加以鄙视。不过这一切均在不知不觉之中发生，并不曾宣示，也不曾高调地张扬，有的仅仅是善意的愧疚和羞耻的遮掩。须知，傲慢而自负地谈论道德是被禁止的。这也是一种进步。

——《论道德的谱系》

用支配反抗被支配

支配有两种：一种是在支配欲驱使下的支配，另一种是反抗他人支配而进行的反支配。

——《曙光》

接纳批判的声音

蘑菇对阴暗潮湿、通风不良之处情有独钟,于是在那里生长、繁殖。

人类的组织和团体亦如此。倘若长期处于无法容纳批判的声音、极度封闭的空间中,腐败与堕落的势力一定会崛起、扩张。

批判并不是怀疑或是刁蛮的意见,批判就如同轻拂过脸的一阵风,尽管感觉冰凉,却可以将邪恶细菌的繁殖抑制住,因此要接纳批判的声音。

——《人性的,太人性的》

倘若你与组织的想法不同，不要认为不正常

比其他人想得多而深远之人，不适合待在组织里或加入派系。这是由于此类人会于不知不觉之中，超越组织与党派利害，从而进行更深入、更广泛的思考。

组织与派系将一个框架套在人们的思维上，那是一种如同将相当多的果实串在一起状态，也如同那些让成群的小鱼游在一起的东西。

因此，如果你与组织的想法格格不入，也无须认为自己不正常。仅仅是由于你的思想业已将组织这个狭隘的世界超越，达到了更广阔的境界。

——《人性的，太人性的》

Part 7 多数人贪图安逸，少数人超越自己

无须对孤独感到恐惧

大部分人借助于社交或是和他人的交际，将自身的纯粹性丢失了，随后就会变得更加卑微。

所以，我们理应让自己变得更加坚韧。不要轻易被他人的意见或人际关系所左右或熏染，理应保持住本我。

在此方面可以为我们提供帮助的是我们抛弃的纯洁、勇敢和洞察力，我们可以在它们的帮助下在世间的洪流中保持独立。

而且不要对孤独感到恐惧，因为与其对它感到恐惧，不如好好地体会独处的乐趣。

——《善恶的彼岸》

事物无分表里

我们习惯于把所见之物进行分类,这是由于我们拥有一定的思维模式。换言之,我们习惯于将事物的基本形态从事物的本原中抽离出来。

不过,倘若我们不曾对这些事物进行人为的加工,而是坦荡地观察它,就会发现它们压根不存在所谓形式。

这是为什么呢?原因是一切事物均无表里之分,它们表里相连,且不管是表还是里,均不存在所谓基本形态。

——《哲学者的书》

Part 7

多数人贪图安逸，少数人超越自己

成为超人

查拉图斯特拉来到一个小镇子，此地与森林距离最近。此时，很多人正聚集在市场上等待观察一个走绳索者的表演。

查拉图斯特拉对众人说：

"你们自己理应成为超人，人理应不断地超越自己，这是发展的潮流，你们总不会希望自己重返兽类状态吧？"

"虽然相当多的人经历了由兽到人的过程，不过就其本质而言，他们仍旧是兽，就算是最聪明的，也仅仅是植物与鬼怪的混合体！因此我要教你们成为超人！做真正的人类！"

——《查拉图斯特拉如是说》

超人即大地

超人即大地,因此你们要忠实于大地,不能轻信那些自认为可以将大地超越之人,不管他们是有意还是无意,他们均为有毒之人。他们已经病入膏肓,也令大地生厌,因此由他们去吧!从前亵渎上帝是要受到重罚的,不过如今上帝已死,那就不存在此罪状了。不过亵渎大地的行为是与之同罪的!

——《查拉图斯特拉如是说》

超人即大海

何为超人?超人即大海,它可以将他人的轻蔑和鄙视收纳进来。

——《查拉图斯特拉如是说》

幸与不幸,都是你存在的标志

　　非同寻常的轻蔑就是真正伟大之事,你们经常会对自己的幸福、道德和理智感到厌恶。
　　也许你们会说,我们的幸福太稀松平常了,太贫乏、污秽又自满了。不过,这就是我存在的标志啊!

——《查拉图斯特拉如是说》